NOUVEAU SPECTACLE

DE LA NATURE

OU

DIEU ET SES OEUVRES

IMPRIMERIE DE H. FOURNIER ET Cᵉ,
RUE DE SEINE, 14.

Nouveau Spectacle

DE LA NATURE

OU

DIEU ET SES OEUVRES

PAR

MM. V. ET A. RENDU

INSECTES

PARIS

PITOIS-LEVRAULT ET Cᴵᴱ, LIBRAIRES

RUE DE LA HARPE, 81

1840

CHAPITRE PRÉLIMINAIRE.

ORGANISATION DES INSECTES.

Il n'est personne qui n'admire les grandes scènes de la nature, la splendeur d'un beau ciel, l'éclat de ces globes roulant dans l'espace qui versent la lumière et la chaleur, et la magnifique parure de la terre au printemps, et la gravè majesté de ses mers, de ses torrents, de ses montagnes, et la grâce ou la force de ces animaux sans nombre qui peuplent ses forêts, qui bondissent dans ses plaines, qui règnent dans ses déserts : à la vue de tels spectacles, notre âme se sent saisie d'un profond sentiment de reconnaissance, de respect et de crainte, pour le divin auteur de tant de bienfaits, de tant de prodiges. Mais là se bornent souvent cette admiration et cette reconnaissance : les grandes choses nous frappent ; les petites ne nous intéressent guère ; et pourtant il est tout un monde, que beaucoup soupçonnent à peine, aussi étonnant que ce monde grandiose où il semble perdu : tous les jours, à tous les instants, nous foulons aux pieds des merveilles, et si nos regards daignaient s'abaisser sur le brin d'herbe, où rampe un insecte méprisé, sur la motte de terre où se passe sa courte existence, nous verrions que la divine Providence, dans sa sagesse, a répandu ses dons avec une profusion égale sur les grands et sur les petits, qu'elle veille avec une constante sollicitude sur les plus obscurs des êtres. Si des deux infinis entre lesquels l'homme est suspendu, l'infini en grandeur nous révèle la toute-puissance divine, l'infini en petitesse, avec ses innombrables prodiges, réunis sur d'imperceptibles créatures, est la plus touchante manifestation de la bonté de ce Dieu, sans la volonté duquel il ne tombe ni un passereau des airs, ni un cheveu de nos têtes.

Dans leurs corps si frêles et si petits les insectes (1) ont des organes fort compliqués, souvent d'une délicatesse à la fois et d'une force admirable. Les liquides nourriciers circulent dans leurs invisibles vaisseaux, comme le sang dans nos veines : leurs sens, d'une finesse extraordinaire, saisissent à des distances considérables les impressions les plus légères ; un grand nombre portent des armes redoutables, même pour les plus grands animaux, et leurs membres fragiles sont munis souvent de ressorts d'une incroyable puissance.

La division du corps de ces insectes en plusieurs parties ou anneaux joints par des articulations leur a fait donner leur nom. En général, deux étranglements séparent les principales régions : la tête (*a*), le corselet (*b*) et l'abdomen (*c*).

---

(1) Les insectes font partie d'un grand embranchement du règne animal, celui des Articulés, qui comprend quatre classes : celles des *Insectes*, des *Arachnides*, des *Crustacés*, et des *Annélides*.

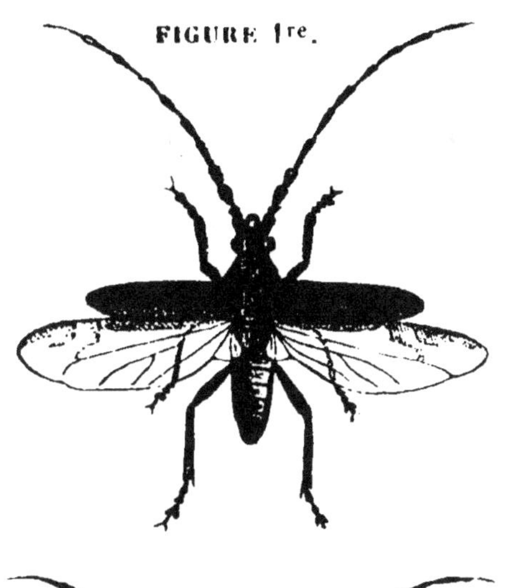

La tête porte la bouche, munie parfois de fortes mâchoires, qui déchirent une proie comme le bec des oiseaux, parfois d'une pointe fine, aiguë et creusée en canal, qui sert à percer la peau des animaux et à en sucer le sang ; parfois encore on y voit une trompe, tantôt rétractile, tantôt roulée en spirale, avec laquelle la mouche puise le lait sur nos tables, le papillon aspire le nectar des fleurs. Enfin, un grand nombre d'espèces de chenilles, par exemple, ont à la bouche un organe particulier qui leur sert à former des fils d'une régularité comme d'une finesse extrême, et auquel on a donné le nom de filières. Les yeux, voisins de la bouche, sont ordinairement au nombre de deux et taillés en facettes qui réfléchissent de tous côtés les objets ; près des yeux, deux sortes de cornes mobiles et de formes très-variées, les antennes, ornent la tête comme un panache, ou, prolongées comme un fil de soie, leur servent plus efficacement à explorer les objets.

Au corselet s'attachent les pattes, le plus souvent au nombre de six et terminées par plusieurs petites pièces articulées qui remplacent les pieds, et portent le nom de tarse ; et les ailes, en général membraneuses, transparentes chez les uns, revêtues chez les papillons d'écailles fines et brillantes, cachées souvent sous des étuis solides appelés élytres.

L'abdomen est percé latéralement de petits trous ou stygmates, ouvertures des trachées, conduits intérieurs qui servent à la respiration. Il porte des instruments très-variés, pour aider la ponte des insectes : ce sont des scies pour fendre les écorces, des tarières pour percer les corps les plus durs, des canaux prolongés pour conduire les œufs à travers une épaisse enveloppe ; ce sont souvent des armes offensives, empoisonnées quelquefois, comme le dard des guêpes et des abeilles. Les armes défensives des insectes sont les écailles qui recouvrent tout leur corps comme une cuirasse, soutiennent, protégent leurs organes délicats.

La vie de ces petits animaux semble très-rapide : une mouche paraît, pond ses œufs, vole quelques jours au soleil, et meurt ; son existence pourtant n'a pas été bornée à ces courts moments. Avant d'arriver à leur état définitif, les insectes passent par plusieurs états très-différents, subissent d'étranges métamorphoses : des œufs pondus par un papillon, nous voyons sortir des larves ou chenilles qui se nourrissent d'herbe et de feuilles ;

leur peau change plusieurs fois : velues en naissant, quelquefois elles sont rases après leurs métamorphoses ; puis la chenille se file une coque le plus souvent ; là elle se dépouille de sa peau et apparaît sous forme de nymphe ou de chrysalide ; elle passe un an quelquefois engourdie et sans mouvement, puis tout à coup l'insecte brise les liens qui l'enchaînent, et léger papillon s'élance dans les airs, daignant à peine se reposer sur la terre où il rampait dans ses premiers jours. Parfois l'insecte, qui à l'état parfait ne vit que quelques heures, a vécu plusieurs années à l'état de larve et de nymphe ; souvent, en changeant de forme, il change d'habitudes et de mœurs ; et telle larve carnassière devient une mouche inoffensive qui voltige de fleur en fleur.

On a classé les insectes d'après la forme de leurs organes, toujours en rapport avec leurs mœurs : à la seule inspection d'un insecte, le naturaliste peut dire ordinairement quelles sont ses habitudes, quels sont les lieux qu'il habite de préférence, quelle est la proie dont il se nourrit ; car dans tous les êtres il existe un admirable enchaînement de fins et de moyens, de besoins et de ressources. De là naît cette harmonie de la nature, qui atteste si clairement la continuelle intervention de la Providence dans le gouvernement de ce monde, qu'elle n'a point créé sans doute avec des soins si touchants pour l'abandonner sans retour.

La structure des ailes chez les insectes a servi à les diviser en huit grandes classes principales :

Les COLÉOPTÈRES, qui ont une paire d'ailes cornées ou élytres, comme les hannetons.

Les Orthoptères, dont les ailes inférieures, dans le repos, se plissent en longueur et non en travers, comme les sauterelles.

Les Névroptères, dont les ailes ressemblent à un réseau régulier et transparent, telles que celles des demoiselles ou libellules.

Les Hyménoptères, qui ont quatre ailes avec les nervures principales sur la longueur, comme les abeilles.

Les Hémiptères, ayant les ailes supérieures ordinairement solides dans la première moitié de leur longueur, et la bouche armée d'un bec aigu de plusieurs pièces : telles sont les pentatones ou punaises des bois.

Les Lépidoptères ou papillons, aux ailes ornées de brillantes écailles.

Les Diptères, reconnaissables au premier abord, parce que seuls des insectes ils n'ont que deux ailes, toujours membraneuses, comme les mouches.

Enfin les Aptères, qui comprennent les mille-pieds, sont entièrement privés d'ailes.

Les petits animaux distribués dans ces classes ont tous leur manière de vivre, leurs ruses, leurs industries différentes. Nous verrons parmi eux des peuplades paisibles, inoffensives, mais aussi des tribus turbulentes et guerrières ; nous verrons des luttes et des combats acharnés comme chez les grands animaux ; mais nous verrons aussi toujours la défense adroite à côté de la violence de l'attaque ; nous verrons l'adresse opposée à la force, et un inaltérable équilibre dans cette agitation perpétuelle où notre faible intelligence croirait au premier abord ne trouver que désordre et destruction.

CHAPITRE PREMIER.

COLÉOPTÈRES.

Les Coléoptères comprennent une des plus importantes et des plus nombreuses familles, celle des carnassiers, les bêtes féroces du petit monde des insectes : tous ces animaux vivent de proie à l'état de larve comme à l'état parfait ; après leur dernière métamorphose, on les voit courir rapidement sur leurs pattes longues et grêles, fondre comme un trait sur les petits insectes qui sont à leur portée, et les déchirer de leurs fortes mâchoires. Les uns exercent, comme le Carabe doré, vulgairement appelé Jardinière, leurs rapines dans les lieux exposés au soleil; où la chaleur rassemble un grand nombre de légers animaux qu'ils atteignent malgré la promptitude de leur fuite ; d'autres pénètrent sous les pierres, dans les lieux les plus obscurs, et là ils trouvent encore une proie abondante parmi les

FIGURE 2.

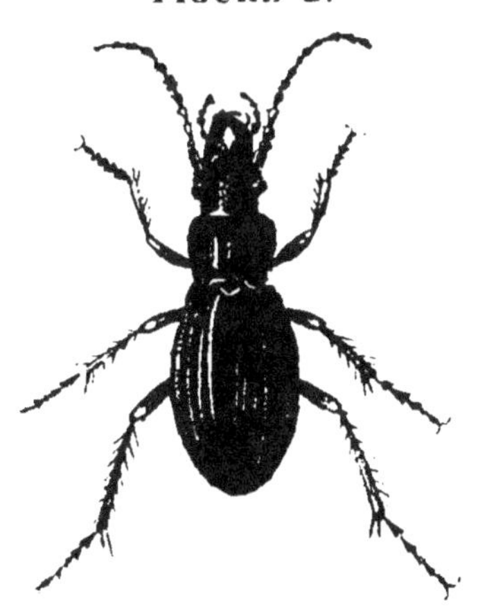

peuplades engourdies qui recherchent l'humidité
et les ténèbres.

Les larves moins agiles ne pourraient atteindre à
la course les insectes dont elles se nourrissent ;
elles sauront s'en emparer à force d'adresse et
de patience, et ils viendront se jeter eux-mêmes
dans le piége qu'elles tendent sur le chemin. La
larve de la Cicindèle, l'un des plus brillants in
sectes de la famille des carnassiers, mais lent et
paresseux à son premier état, est remarquable par
la ruse qu'elle emploie.

Dans un terrain sablonneux elle creuse avec ses
pattes et ses mâchoires un trou de plus d'un pied
de profondeur : à mesure qu'elle s'y enfonce, elle
ne peut plus rejeter de côté et d'autre les parcelles
de terre qu'elle détache ; que fait-elle ? Sur sa tête
large et écailleuse elle amasse les matériaux, monte
dans son trou à la manière des ramoneurs ; arrivée
à la surface, elle se débarrasse de son fardeau pour
en aller chercher un autre, jusqu'à ce que sa galerie soit complètement terminée.

Sa tête, qui lui a servi de pelle pour déblayer
son trou, va lui servir de trappe pour faire tomber sa proie dans l'abîme qu'elle lui a creusé ; elle
monte à la surface du sol, se soutenant à l'aide des
crampons dont sa peau est garnie, et dispose la
plaque écailleuse de son front de manière à boucher exactement son trou ; alors elle attend avec
patience : bientôt quelque insecte imprudent a
posé le pied sur ce pont mobile ; à l'instant la
cicindèle imprime à sa tête un rapide mouvement
de bascule ; l'insecte, qui sent tout à coup le sol se
dérober sous lui, roule entre les pinces de son en-

nemi, qui l'entraîne au fond de son trou pour s'en repaître à loisir.

Nos insectes carnassiers, formés pour la guerre par le Créateur, ne sont pas moins bien organisés pour la défense que pour l'attaque ; plusieurs projettent à leur gré une liqueur âcre et mordante, qui cause une vive douleur quand elle atteint quelque partie sensible : une petite espèce, les Brachyns, jolis insectes bleus au corselet rouge, qui vivent en famille sous les pierres, ont une arme plus redoutable encore pour les ennemis de leur taille. Se croient-ils en danger d'être saisis, ils font entendre une explosion légère, et l'on voit sortir de dessous leurs élytres une vapeur blanchâtre, qui n'est autre chose qu'un acide caustique, capable de faire périr ou du moins d'épouvanter l'agresseur ; le bruit de l'explosion donne en même temps l'alarme, et avertit toute la peuplade de pourvoir à sa sûreté.

Qui ne connaît les Coccinelles, ces jolis insectes vulgairement désignés sous le nom de bêtes à Dieu ? Malgré leur caractère en apparence nonchalant et paisible, ils se nourrissent de proie vivante et surtout de pucerons, dont ils débarrassent un grand nombre de plantes ; ainsi la Providence a donné à l'agriculteur, parmi les plus petites créatures, un actif auxiliaire. Ne semblent-ils pas chargés de compenser le tort que nous font éprouver plusieurs insectes de leur ordre, comme les Hannetons qui dévorent le feuillage, comme les Oryctès nasicornes ou Rhinocéros, si curieux par l'étrange ressemblance de leur tête avec celle de l'énorme quadrupède dont ils ont reçu le nom, mais aussi si redoutés des jardiniers, à cause du dégât qu'ils font au milieu des couches de terreau , et des terres légères.

FIGURE 3.

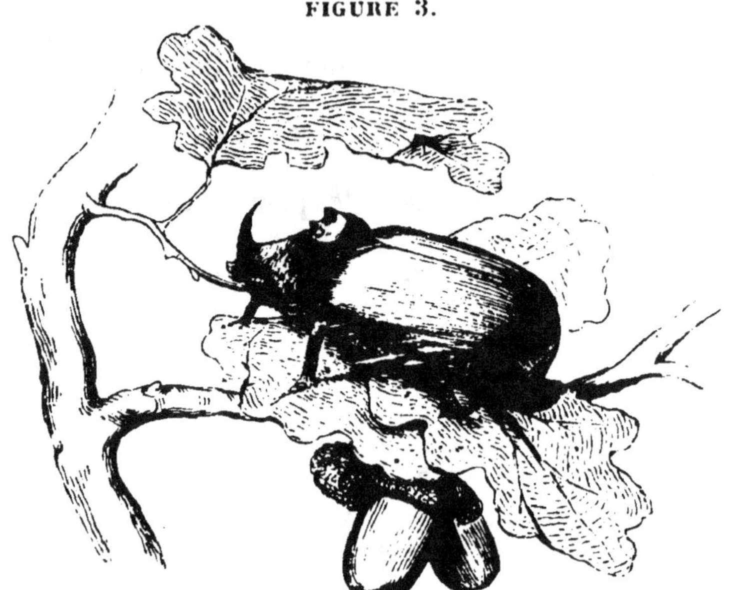

Oryctès Nasicorne ou Rhinocéros.

Plusieurs insectes pour lesquels nous n'avons la plupart du temps que du mépris et du dégoût, sont destinés à une fonction plus importante encore. Les Bousiers, les Staphylins, les Nécrophores, sont préposés à la police générale de la nature, au maintien de la salubrité publique. Les cadavres, les ordures déposées dans la campagne commencent à peine à se corrompre, que leurs exhalaisons vont frapper les sens subtils d'une multitude d'insectes voltigeant dans les airs ; aussitôt ils arrivent en foule : en un instant un grand nombre y ont déposé leurs œufs, d'où sortiront des larves qui doivent absorber les matières en putréfaction ; quelques uns les déchiquetent et les dissèquent ; d'autres, et principalement les nécrophores, qui ont tiré leur nom de leur singulière habitude, se glissent sous le cadavre, lui creusent une fosse et l'enterrent, soit en entier, soit par parcelles, après y avoir déposé leurs œufs ; bientôt les larves auront achevé de faire disparaître les débris qui eussent exhalé indéfiniment de méphitiques vapeurs.

C'est en général pour favoriser la conservation et la propagation, que la Providence a développé d'une manière admirable l'instinct des insectes, et s'est plu à multiplier leurs ressources. Parmi les coléoptères, qui la plupart du temps font peu usage de leurs ailes pour s'élever dans les airs, se rechercher et s'unir, plusieurs, tels que les Capricornes, les Criocères rouges du lys, peuvent faire entendre un bruit particulier qui leur sert à s'appeler et à se reconnaître. Les Vrillettes isolées dans l'obscurité des petites demeures qu'elles se creusent dans nos boiseries, ont un cri de ralliement tout particulier ; pendant le silence de la nuit, on entend parfois un petit bruit qui se répète à intervalles égaux, et qui semble le battement monotone d'un balancier : des gens superstitieux l'ont appelé *l'horloge de la mort*. Ce son qui les a effrayés est produit par la vrillette, qui se découvre ainsi aux autres insectes de son espèce.

Le plus souvent, les coléoptères déposent leurs œufs, sans autre précaution, dans la terre ou sur les plantes ; l'Hydrophile, le plus gros de nos coléoptères aquatiques, les renferme dans une coque, et la manière dont il la construit est digne du plus grand intérêt. La femelle, prête à pondre, s'attache à une des feuilles qui flottent sur l'eau, elle la serre entre ses pattes pour lui faire prendre une légère courbure, et se met à y coller des fils brillants et solides, à l'aide d'une filière qu'elle porte à l'extrémité postérieure de son corps. En faisant agir rapidement ses filières, qu'elle promène avec

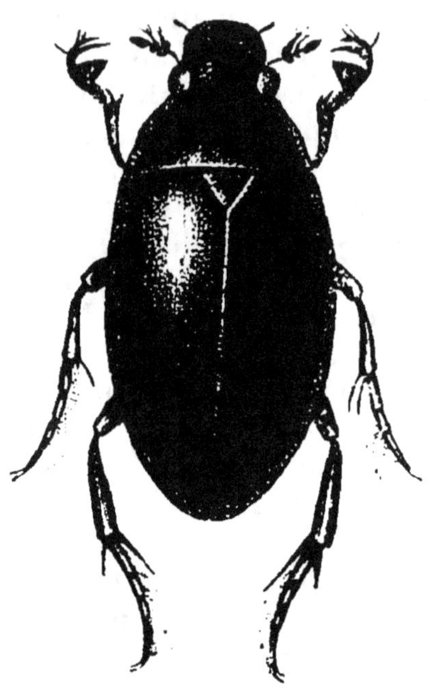

FIGURE 4.

Hydrophile brun.

adresse dans l'intérieur de sa coque à mesure qu'elle se forme, elle obtient un tissu gommeux et imperméable, dans lequel elle trouve moyen de renfermer une certaine quantité d'air, qu'elle a la faculté, ainsi que plusieurs insectes aquatiques, de conserver dans l'eau sous ses élytres pour y respirer librement ; elle dépose alors ses œufs dans la coque, la termine par une porte composée d'un fil délié et jaunâtre qui en rend l'entrée inaccessible ; en abandonnant ainsi sa progéniture, l'insecte a eu soin cependant de ménager une petite ouverture fermée seulement par quelques fils : c'est par là que sortiront les larves. Ces larves si carnassières, que l'on a nommées vers assassins, quoique l'insecte parfait ne se nourrisse que de plantes, nagent aisément dans l'eau où elles poursuivent leur proie, puis se retirent à terre, et creusent un trou dans lequel elles se métamorphosent ; c'est de là qu'elles sortent couvertes de cette épaisse écaille brune, de ces fortes élytres arrondies, de ces pattes aux larges nageoires qui distinguent l'hydrophile.

Les hydrophiles ne sont pas à beaucoup près les plus gros de tous les coléoptères, ainsi les Scarabés Hercules de l'Amérique méridionale, ont ordinairement cinq pouces de longueur ; dans notre pays, le géant des insectes est le Lucane cerf-volant. Si

FIGURE 5.

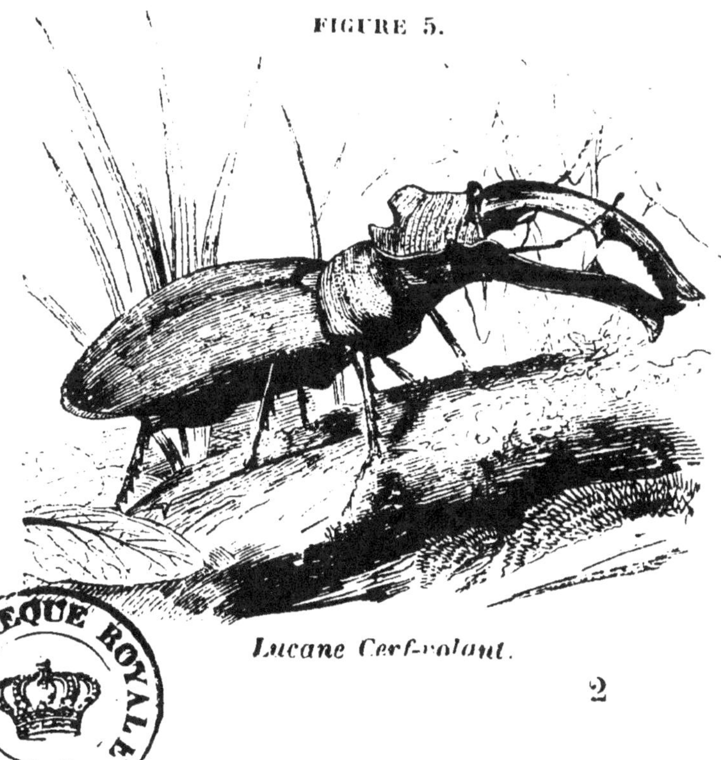

Lucane Cerf-volant.

2

ses mœurs n'offrent rien de particulier, il n'en est pas moins fort remarquable par l'arme puissante que le mâle a reçue et qui lui a valu son nom ; il l'est plus encore par la force prodigieuse dont il est doué : quel enfant ne s'est pas amusé à charger un cerf-volant de plusieurs gros livres sous lesquels l'insecte se mouvait sans peine ?

CHAPITRE II.

ORTHOPTÈRES.

Qui ne connaît les Sauterelles si communes l'été dans nos champs et nos prairies ? Le Grillon qui fait enten-dre son petit chant mono-tone au pied des haies et au coin de nos foyers : les oiseaux friands de ces insectes, leur font souvent la chasse, et cependant la plupart se dérobent aisé-ment à leur poursuite. Leur couleur, analogue à celle des plantes sur lesquelles elles vivent, les fait

FIGURE 6.

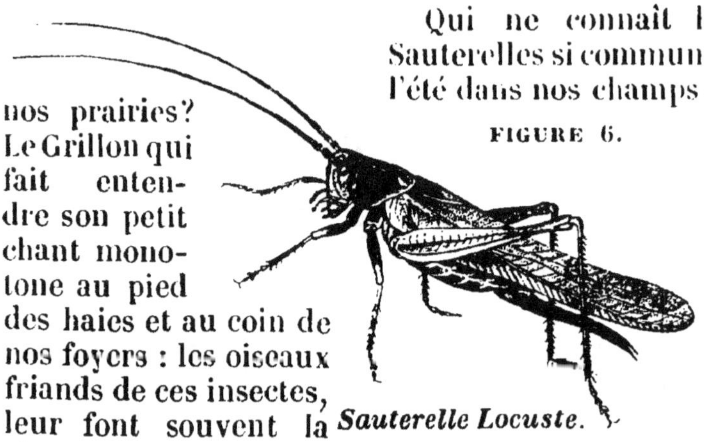

Sauterelle Locuste.

échapper aux regards ; sont-elles découvertes , en danger d'être saisies , leurs pattes postérieures , dilatées et robustes, se détentent comme un ressort, et soudain un bond rapide les a mises hors de la portée de leur ennemi. Le grillon, moins agile, se cache dans une petite caverne creusée sous terre, et c'est là qu'il guette en sûreté sa proie.

Parmi les orthoptères dépourvus de la faculté de sauter, la Cour-

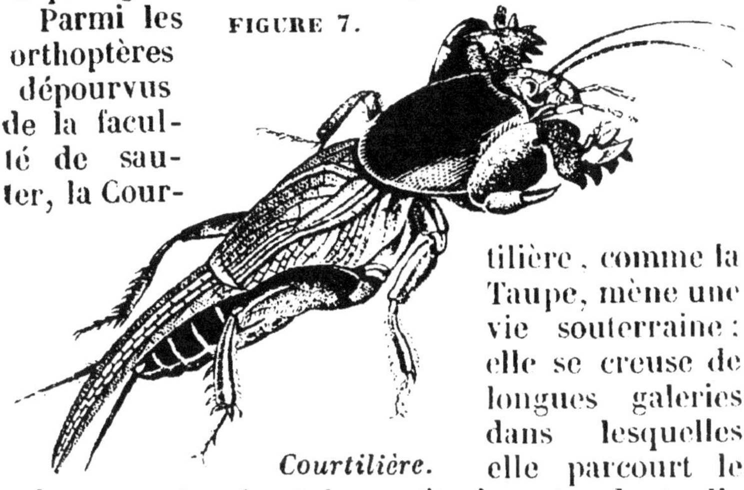

FIGURE 7.

Courtilière.

tilière , comme la Taupe, mène une vie souterraine : elle se creuse de longues galeries dans lesquelles elle parcourt le sol, en y cherchant les petits insectes dont elle se nourrit. Pour ses travaux de mineur, il lui fallait un instrument particulier et d'une grande puissance. Ses tarses antérieurs, en effet, sont aplatis, dentelés et tranchants ; ils servent tantôt de pioche pour fouir la terre, tantôt de scie pour couper les racines ; ils sont doués d'une force prodigieuse, et on est étonné de voir avec quelle facilité l'insecte, en faisant agir ses pattes de devant, écarte et renverse des obstacles considérables. La femelle se sert encore de ses tarses pour pratiquer à une certaine profondeur une petite cavité circulaire d'une parfaite régularité, dont les parois, battues et affermies, préviennent tout danger d'éboulement; c'est là qu'elle dépose ses œufs; les jeunes insectes éclos dans cet asile, y restent à l'abri jusqu'à ce qu'ils soient assez forts pour se protéger eux-mêmes.

Si la Courtilière prépare d'avance une retraite à ses petits, la Forficule ou perce-oreille continue à les entourer de ses soins après leur naissance. La femelle du perce-oreille dépose ses œufs dans quelque lieu humide et obscur, sous la mousse, sous les pierres, sous les écorces. Elle ne les quitte plus que le temps nécessaire pour prendre sa nourriture; du reste, elle les surveille constamment, les couve même nuit et jour, et si quelque accident les disperse, elle les rapporte l'un après l'autre, avec ses mandibules, et les recherche avec une grande sollicitude jusqu'à ce qu'ils soient tous réunis.

Les larves qui sortent de ces œufs sont faibles et délicates; à peine leurs petits membres peuvent-ils les porter à quelques pas : c'est alors que la mère redouble de soin et de zèle, elle les conduit avec précaution dans les lieux voisins, où ils trouveront une nourriture abondante et facile, à l'abri des ardeurs du soleil. Vous la verriez alors entourée de ces petits animaux, comme la poule de ses poussins, allant sans cesse de l'un à l'autre, les rappelant par un signe de ralliement, au moindre danger; toujours prête à les défendre contre l'ennemi qui se présente; et c'est là le seul usage qu'elle fasse de ses pinces, à tort si redoutées, qui, capables peut-être de la protéger contre les attaques des insectes, sont totalement impuissantes contre des êtres plus vigoureux.

Entourés des soins maternels, peu à peu les petits perce-oreilles deviennent plus forts de jour en jour; la mère les accompagne encore quelque temps, et ne les quitte que lorsqu'ils sont entièrement en état de pourvoir eux-mêmes à leurs besoins. Les mœurs si intéressantes du perce-oreille sont une exception à la loi qui condamne en général les insectes à mourir après leur ponte, abandonnant leur progéniture aux chances d'une saison rigoureuse, aux attaques d'une multitude d'ennemis; mais la Providence a voulu nous montrer, même parmi ces plus petits animaux, un exemple de cet instinct le plus fort, comme le plus admirable de tous, parmi les êtres vivants, l'instinct de l'amour maternel.

CHAPITRE III.

Dans l'ordre des Névroptères, deux genres d'insectes offrent des qualités fort curieuses : à l'état parfait, ils voltigent légèrement dans les airs; à l'état de larve, ils vivent cachés au fond des eaux, où ils prennent leur nourriture, croissent, et subissent leur première métamorphose. C'est alors qu'ils présentent des mœurs, une industrie plus intéressantes. La larve des Phryganes, en butte à une foule d'animaux aquatiques, avides d'une nourriture délicate et facile à saisir, dé

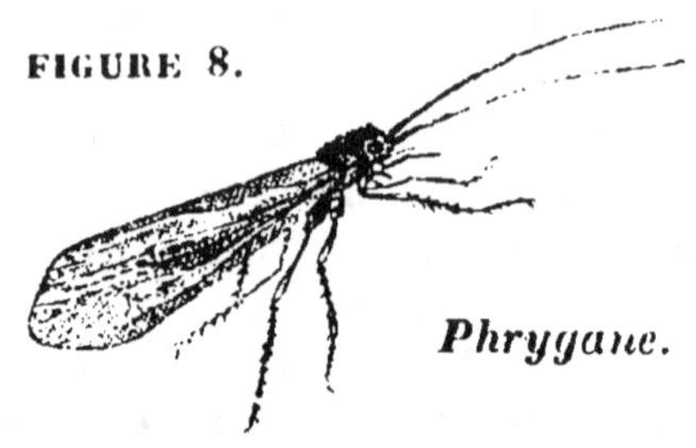

FIGURE 8.

Phrygane.

nuée de tout moyen de leur échapper par la fuite, de leur résister par la force, sait pourtant déjouer toutes leurs ruses par les ressources de son art. Elle se file un tuyau de soie imperméable, qu'elle revêt à l'extérieur de matières diverses qui lui donnent une apparence bizarre; tantôt elle coupe des brins d'herbes menues, tantôt

FIGURE 9.

Larves dans leurs étuis.

des morceaux de feuilles, qu'elle colle sur le cylindre creux qu'elle habite, et qui se confond ainsi avec les plantes environnantes. Si elle a découvert un débris de roseau fendu, elle en rejoint les morceaux, et sa demeure ne diffère plus d'une tige tronquée. Quelquefois, elle coupe des bûchettes d'égale longueur, pour les coller sur le fourreau, ou longitudinalement, et alors le fourreau ressemble à un rouleau cannelé; ou transversalement, et il paraît une figure géométrique régulière, représentant une suite de polygones circonscrits autour d'une série de cercles.

Les phryganes, qui vivent dans les eaux claires et rapides, trouvent moins de végétaux autour d'elles, mais plus de gravier et de coquillages:

pour éviter d'être entraînées par le courant, elles collent à leur fourreau de petites pierres, de petits limaçons aquatiques, de petites moules. Quelquefois les habitants de ces co-

FIGURE 10.

Larve dans son étui.

quilles, vivants encore, sont ainsi fixés malgré eux à la demeure de la phrygane, et font de vains efforts pour se dégager de leurs chaînes ; ils sont condamnés à servir jusqu'à la fin de garde et de défense à l'adroit insecte qui a su les rendre captifs. Le fourreau qui a protégé les phryganes dans leur premier âge, leur est d'un extrême secours pour se changer en nymphes ; c'est alors, surtout, que, plongées dans une sorte de léthargie, elles deviendraient infailliblement la proie des poissons. Aux approches de la métamorphose, elles ferment chaque extrémité de leur cellule avec des fils de soie croisés comme un grillage, afin de permettre à l'eau qui les entoure de circuler et de se renouveler souvent. La phrygane passe quelques jours dans cet abri, puis, tout à coup, avant l'époque de son dernier changement, sa nymphe semble se réveiller et redevient agile : elle brise la porte de sa prison à l'aide d'un petit bec corné qu'elle a reçu pour cet usage, comme le poulet pour briser sa coque ; car, quel est le petit insecte que le Créateur ait oublié dans son universelle sollicitude ? Échappée de sa cellule, elle fend l'eau avec rapidité, et cherche quelque endroit où elle puisse opérer sa complète métamorphose ; à peine l'a-t-elle trouvé qu'elle sort de l'eau, et attend en repos que la nature agisse elle-même. Bientôt l'air a desséché sa peau qui se fend sur le dos, les ailes de l'insecte se dégagent et s'allongent, ses antennes se déroulent, ses pattes sortent de l'étroit étui qui les tenait captives, et l'insecte, qui nageait il y a quelques minutes, est prêt soudain à s'élancer dans les airs.

A voir ces insectes brillants, légers, à qui leurs formes élégantes ont fait donner le nom de Demoiselles, voler avec une rapidité extrême en réfléchissant sur leurs ailes de gaze toutes les couleurs de l'arc-en-ciel, on ne supposerait guère que ces animaux, aériens par excellence comme l'hirondelle, ont passé une partie de leur vie à ramper lourdement au fond des eaux. C'est là cependant que la femelle vient déposer ses œufs ; ils éclosent dans la vase, et il en sort des larves de couleurs aussi ternes et aussi sombres, que celles de l'insecte parfait sont vives et éclatantes. Ses mœurs présentent plusieurs particularités intéressantes.

Il n'est peut-être pas d'insectes plus exposés à de perpétuels dangers que les larves qui vivent dans l'eau ; une foule de poissons, de quadrupèdes aquatiques, d'insectes même plus gros et plus forts les poursuivent sans cesse. Et pourtant nos petites libellules, obligées de se soustraire à tant d'ennemis, doivent en même temps faire la chasse à d'autres êtres vivants dont elles se nourrissent. Elles ne font pas de fourreau comme les phryganes, pour s'y retirer, mais elles peuvent fixer sur leurs corps la vase et les corps étrangers qui servent à les cacher aux regards. Ainsi déguisées, elles se mettent en embuscade munies d'une arme aussi redoutable que singulière. Leur face est entièrement recouverte d'une espèce de masque mobile et porte une

pièce capable de s'allonger extraordinairement
à la volonté de l'insecte. Ce masque qui, dans le
repos, cache l'appareil avec lequel la larve dévo-
rera sa victime, est lui-même composé de plusieurs
pièces, et s'ouvre comme une pince pour retenir
la proie après l'avoir saisie dans ses brusques mouvements, la ramener vers la bouche et la maintenir à portée des mâchoires.

Le mode de respiration et de transport est plus
singulier encore ; ces deux fonctions si différentes
sont unies dans notre insecte d'une manière tout
à fait bizarre, qui nous montre combien sont in-
finies dans leur variété les ressources que la Providence a prodiguées à ses moindres créatures pour
leur conservation et leur bien-être. C'est dans leur
intestin que s'ouvrent les trachées par lesquelles
elles respirent ; aussi, pour aspirer l'air que l'eau
tient en dissolution, on les voit sans cesse attirer
une petite colonne d'eau dans leur abdomen, pour
la faire sortir aussitôt. L'insecte veut-il se mouvoir,
il absorbe une quantité d'eau plus considérable, et
la chasse avec force ; la résistance que cette eau
éprouve en traversant le liquide voisin, réagit sur
le corps léger de l'insecte, et le repousse en sens
contraire, comme un canon recule par l'effet du
choc que la poudre, en se dilatant, fait subir à
l'air environnant. Ainsi notre larve, sans nul besoin de nageoires, se meut avec promptitude et facilité dans son humide demeure.

Le Fourmilion à l'état parfait ressemble beaucoup à la demoiselle ; comme elle, à l'état de larve,
il dresse des embûches aux animaux dont il se
nourrit ; l'arme qu'il emploie est certainement l'une

de celles que l'on observe avec le plus d'intérêt et de plaisir.

FIGURE 11.

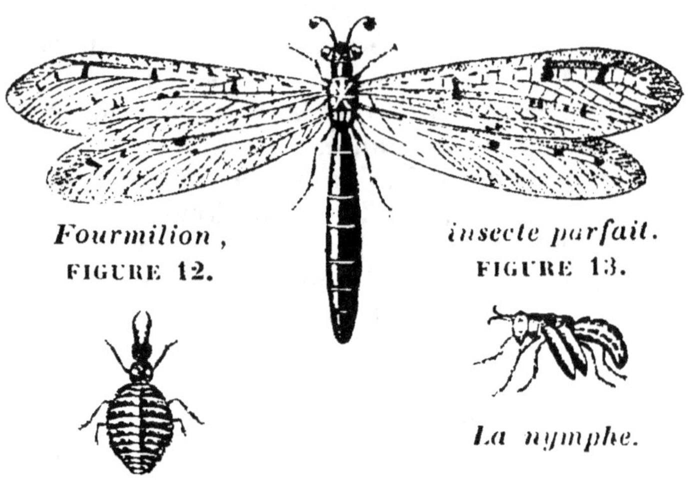

Fourmilion, insecte parfait.

FIGURE 12.

FIGURE 13.

La nymphe.

La larve.

Sur un sol sablonneux, exposé au soleil, mais à l'abri du vent et surtout de la pluie, vous verrez souvent de petits creux pratiqués dans le sable, en forme d'entonnoir ; ordinairement ils paraissent abandonnés ; mais le fourmilion y est caché ; il attend sa proie : et c'est là le plus perfide des piéges. Mais, que de peines et que de travaux il lui a fallu pour le construire! Dès que le fourmilion a trouvé un endroit convenable, il trace un sillon circulaire qui détermine la circonférence de son entonnoir ; puis il s'introduit sous le sable, en marchant à reculons dans la petite enceinte qu'il a tracée ; il s'agit d'enlever successivement tout un cône de sable dont le diamètre seul est fixé, et dont la profondeur est toujours en proportion avec ce diamètre. A chaque pas, le fourmilion s'arrête ; il charge avec une de ses pattes sa tête, d'une forme assez semblable à celle d'une pelle, puis il lance brusquement hors de l'enceinte le sable dont il l'a couverte. Il répète constamment cette manœuvre, jusqu'à ce que l'entonnoir soit entièrement vidé, chargeant sa tête tantôt avec une de ses pattes, tantôt avec une autre, selon qu'elles sont fatiguées par ce rude travail. Quelquefois sa tâche est plus pénible encore : une petite pierre, une motte de terre trop dure se rencontre sur son chemin, et il ne peut la rejeter d'un seul coup comme les autres débris. Le fourmilion n'hésite pas ; il parvient souvent à grand'peine à placer le corps étranger sur son dos, et se met courageusement à gravir le talus avec son fardeau pour le déposer au dehors. L'équilibre est difficile à garder ; parfois la pierre trébuche et roule au fond du trou ; le fourmilion va la reprendre de nouveau et ne l'abandonne que quand il est parvenu à s'en débarrasser. N'est-ce pas une chose étrange que cette persévérance de ce petit animal à une tâche dont rien ne lui a appris l'utilité ni le but ? A peine il est né, il n'a pas encore même aperçu la proie à laquelle il tend un piége, et cependant ce piége est tendu avec une habileté incroyable ; toutes les mesures sont prises avec une précision digne d'une longue expérience. Qui donc a pu instruire ainsi cet insecte isolé dès sa naissance, sinon cette bonté conservatrice dont la force supplée à la faiblesse des créatures, dont la prévoyance vient en aide à l'ignorance de l'être sans raison ?

Tout est prêt cependant. Le fourmilion est aux aguets, caché sous le sable dans le fond de son trou : quelque fourmi vient-elle à passer sur les bords du précipice, le sol a fui sous ses pieds, elle tombe dans les pinces ouvertes de son ennemi qui l'attend pour la dévorer. Veut-elle faire effort pour s'échapper, le fourmilion l'accable d'une grêle de sable, l'étourdit, la saisit sans résistance ; et, pour faire disparaître tout indice qui pourrait dévoiler sa ruse, il rejette au loin le cadavre de sa victime quand il en a épuisé tous les sucs.

Parmi les névroptères se trouvent encore les Termès, insectes africains que l'on a longtemps appelés fourmis blanches. Ils ressemblent en effet aux fourmis par leur laborieuse activité ; mais leurs travaux sont bien plus considérables, bien plus extraordinaires ; c'est un peuple de guerriers et d'architectes dont les expéditions sont redoutables aux hommes mêmes, dont l'industrie surpasse peut-être celle des guêpes, des abeilles et des castors.

Chaque communauté est composée d'un mâle et d'une femelle, d'un grand nombre de larves assez semblables à des insectes parfaits, et chargées de tous les travaux ; enfin d'individus neutres ou soldats. On trouve en général dans chaque nid cent travailleurs pour un soldat. Les premiers, qui ont à peine trois lignes de longueur, ont des mandibules conformées pour ronger et retenir les corps ; les seconds, plus gros et longs d'un demi-pouce, ont les mandibules allongées en forme d'alènes propres à percer leurs ennemis. Pour soustraire le mâle et la femelle à tous les dangers, les travailleurs leur construisent une petite chambre d'argile, où ils les enferment en ayant soin de les nourrir abondamment ; c'est alors que les femelles pondent leurs œufs par milliers ; bientôt le nombre des habitants est devenu incalculable.

Les Termès belliqueux, qui sont les plus communs et les plus redoutables, construisent dans les plaines de l'Afrique des édifices de forme conique, élevés de dix ou douze pieds au-dessus de la surface du sol, dimension énorme si on la compare à la taille de ces insectes. Ces espèces de huttes, groupées quelquefois en assez grand nombre, présentent de loin l'aspect d'un petit village. L'extérieur est une large calotte de la forme d'un dôme, capable de résister à toutes les injures de l'air, même aux plus violents orages des tropiques, et tellement solides que les hommes, les taureaux sauvages passent souvent dessus sans les ébranler. Au centre de l'habitation est la chambre nuptiale dont nous avons parlé, autour d'elle sont disposées une multitude de petites pièces dont l'ensemble forme un véritable labyrinthe ; elles contiennent les œufs et les petits ; à côté sont les magasins, toujours bien approvisionnés de gomme et de jus de plantes cueillies avec soin et rassemblées par petites masses. Des galeries plus larges que le calibre d'un canon servent à faire communiquer entre elles toutes les parties de l'habitation. Il y a des termès qui placent leurs nids sur les toits, dans les maisons, et y font des dégâts immenses. Ils s'avancent sous terre, passent sous les fondements des bâtiments, et attaquent les poteaux et les poutres qui les soutiennent. Chose étrange ! on ne peut apercevoir le mal

3.

que lorsqu'il est sans remède : les termès percent et rongent les pièces de bois à l'intérieur sans entamer en aucune façon l'extérieur. Il arrive souvent qu'une poutre en apparence parfaitement saine et intacte est entièrement vide à l'intérieur, il ne reste qu'une mince couche de bois que le moindre choc peut rompre. Ainsi il arrive quelquefois que les charpentes principales d'un édifice étant minées, il s'écroule tout à coup sans qu'il ait été possible de soupçonner le danger. Les termès sont un fléau autour des habitations ; quand ils s'y introduisent, ils détruisent tout ce qu'ils rencontrent ; au dehors ils renversent les palissades et les barrières ; trouvent-ils dans une haie un piquet sans racines, quand l'écorce est saine, ils entrent par le bout inférieur, mangent tout l'intérieur, et lorsqu'on veut enlever le piquet, on n'a plus dans les mains qu'un rouleau d'écorce vide. Si l'écorce est endommagée, ils recouvrent le piquet entier d'un mortier épais et le rongent ensuite de même sans être aperçus. Ces insectes, continuellement occupés à attaquer les travaux des hommes, se défendent eux-mêmes avec une grande opiniâtreté. Quand on ouvre un nid, tous les soldats se précipitent sur la brèche, mordant avec fureur tout ce qu'ils rencontrent ; s'ils peuvent atteindre quelque partie du corps de l'agresseur, ils y attachent leurs dents avec force et se laissent plutôt déchirer en morceaux que de lâcher prise ; ils ne rentrent dans leur habitation que quand le danger est entièrement passé. Les Antilles nourrissent une espèce de termès doués de moyens plus énergiques encore pour détruire. Ils vivent en troupes dans des es pèces de ruches ; ils n'en sortent que par des chemins couverts qui leur servent à établir en sûreté leurs communications. Leurs édifices sont faits avec une pâte qu'ils composent à l'aide d'une liqueur particulière , véritable dissolvant universel. En quelques lieux qu'ils s'établissent , sur les charpentes des maisons, l'écorce des arbres, les pierres mêmes, tout est bientôt entamé et dissous par cette liqueur ; aussi laissent-ils toujours des traces funestes de leur passage.

Ces insectes, comme tant d'autres animaux sauvages, ne semblent exister que pour détruire ; et cependant n'ont-ils pas leur rôle important dans la création ? Il est vrai que tout dans la nature a été fait en vue de l'homme. Mais Dieu n'a-t-il pas produit ces animaux nuisibles, perpétuellement en guerre avec nous, pour nous apprendre que le monde est un lieu de combat, et que la vie de l'homme sur la terre n'est qu'une vie de fatigue, de vigilance et de travail. Le Créateur a eu soin, du reste, de mettre des bornes à la multiplication de ces êtres dangereux. Les termès ont une multitude d'ennemis, et servent même d'aliments à quelques peuplades nègres ; il arrive un moment fixé pour leur destruction où ces insectes si vifs, si belliqueux, se livrent pour ainsi dire sans résistance aux animaux qui les recherchent. Les mâles et les femelles deviennent en grand nombre la proie d'une espèce de fourmis qui les poursuivent avec acharnement et les entraînent dans leurs nids pour les dévorer. Ainsi, de plusieurs milliers de termès qui voltigeaient dans les airs, au bout de peu de jours il en reste à peine quelques couples pour perpétuer l'espèce.

Les termès voyageurs, plus rares et plus gros que les termès belliqueux, sont fort curieux par l'ordre qu'ils observent dans leurs marches; Smeathmann, naturaliste anglais, décrit ainsi une de leurs excursions: « J'entendis un jour dans une épaisse forêt, un sifflement prolongé, chose alarmante dans ce pays où il y a beaucoup de serpents. Le bruit me conduisit à quelques pas du sentier, et je vis avec autant de plaisir que de surprise une armée de termès sortant d'un trou creusé dans la terre, et avançant avec toute la vitesse dont ils étaient capables A moins de trois pieds de cet endroit, ils se divisèrent en deux corps ou colonnes composées principalement d'ouvriers. Ils étaient douze à quinze de front et marchaient aussi serrés qu'un troupeau de moutons, traçant une ligne droite, sans s'écarter d'aucun côté. On voyait çà et là parmi eux un soldat trottant de la même manière sans s'arrêter ni se tourner; et comme il paraissait porter avec difficulté son énorme tête, je me figurais un très-gros bœuf au milieu d'un troupeau de brebis. Tandis qu'ils poursuivaient leur route, un grand nombre de soldats étaient répandus de part et d'autre de la ligne, quelques uns jusqu'à un pied de distance, postés en sentinelle ou rôdant comme des patrouilles, pour veiller à ce qu'il ne vînt point d'ennemis contre les ouvriers; mais la circonstance la plus extraordinaire de cette marche, c'était la conduite de quelques autres soldats qui, montant sur les plantes qui croissent çà et là dans le fond du bois, se plaçaient sur la pointe des feuilles, à douze ou quinze pouces du sol, et restaient suspendus au-dessus de l'armée en marche. De temps en temps , l'un ou l'autre battait de ses pieds sur la feuille, et faisait le même bruit ou cliquetis que j'avais observé de la part du soldat qui fait l'office d'inspecteur, lorsque les ouvriers travaillent à réparer une brèche dans l'édifice des termès belliqueux. Ce signal, chez les termès voyageurs , produisait un prompt effet ; l'armée entière répondait par un sifflement et obéissait à l'ordre en doublant le pas avec la plus grande ardeur. Les soldats qui s'étaient perchés et qui donnaient ce signal demeuraient tranquilles sur leur feuille. Ils tournaient seulement un peu la tête de temps en temps et semblaient aussi attachés à leur poste que des sentinelles de troupes réglées. Les deux colonnes de l'armée se rejoignirent à environ douze ou quinze pas de leur séparation, n'ayant jamais été à plus de neuf pieds de distance l'une de l'autre , et ensuite descendirent dans la terre par deux ou trois trous. Elles reprirent leur marche , et continuèrent de s'avancer sous mes yeux pendant plus d'une heure que je passai à les admirer , et ne semblèrent ni augmenter ni diminuer en nombre, à l'exception des soldats qui quittaient la ligne de marche, et se plaçaient à différentes distances de chaque côté des deux colonnes, car ils me parurent à la fin beaucoup plus nombreux. »

CHAPITRE IV.

Nous arrivons à l'ordre des hyménoptères, qui renferme les insectes les plus utiles pour l'homme. et en même temps les plus curieux par la variété de leurs mœurs, les admirables prévisions de leur instinct. Nous verrons parmi eux ces sociétés si intéressantes, auxquelles la Providence s'est chargée de donner des lois invariablement suivies, ces corporations d'ouvriers si parfaitement instruits de leur art, et des insectes isolés qui travaillent avec autant de persévérance, autant de succès pour subvenir aux besoins de leur progéniture.

SECTION Ire.

Hyménoptères vivant en société.

Les Saintes Écritures renvoient le paresseux à la Fourmi ; nul insecte en effet ne nous offre un plus frappant modèle de persévérance, d'activité et de courage.

C'est qu'au plus bas rang de l'échelle des êtres la Providence a caché des merveilles ; c'est que pour confondre l'orgueil de l'homme, elle a voulu lui apprendre que, même parmi les créatures les plus viles et les plus méprisées, il doit trouver des sujets d'admiration et de reconnaissance, des exemples même proposés à son imitation.

Suivons les fourmis dans les détails de leur vie, examinons-les successivement occupées à construire leurs demeures, à élever leurs petits, à défendre leurs républiques si régulièrement administrées. La fourmilière renferme trois sortes d'habitants, les mâles et les femelles pourvus d'ailes, les neutres, sans ailes, qui seuls sont chargés de tous les travaux ; c'est de ces ouvriers surtout que nous devons nous occuper.

Sans doute il eût suffi à toutes les espèces de fourmis d'une seule et même industrie pour pourvoir à leur conservation ; mais tout ce qui varie l'admirable spectacle de la nature n'est pas inutile dans la création, et pour diversifier les scènes qu'il offre à nos regards, souvent plusieurs espèces d'insectes très-voisines ont des instincts et des mœurs différents ; il en est ainsi parmi les fourmis.

Ce sont les fourmis fauves qui élèvent dans les bois ces petits monticules qu'on y rencontre fréquemment. Tout semble confus à l'extérieur, à l'aspect de cet amas de petits rameaux, de pailles, de grains entassés les uns sur les autres ; mais qu'on soulève cette première enveloppe destinée à protéger la fourmilière contre les injures de l'air, on verra qu'à l'intérieur il règne un ordre, une harmonie parfaite. Nous apercevons d'abord un grand nombre d'ouvertures qui servent de portes aux habitants du séjour souterrain ; ces portes sont libres le jour, elles se rétrécissent pendant le mauvais temps. La nuit, on les barricade soigneusement, et des sentinelles sont postées derrière, pour avertir à la moindre apparence de danger. A l'intérieur, la terre est minée par une foule de galeries d'une construction grossière, mais solide, qui vont toutes aboutir à une grande salle placée vers le centre ; c'est là que sont réunies les larves et les nymphes des fourmis ; c'est là que la peuplade se tient ordinairement ; c'est de là que partent les divers détachements pour explorer la campagne. L'exposition de la fourmilière n'est pas chose indifférente ; en général, les ouvertures sont tournées de manière à ne point donner entrée à la pluie : c'est pour cela que la fourmi jaune, par exemple, dirige constamment ses constructions de l'est à l'ouest, pour présenter le sommet et la pente la plus rapide du monticule aux rayons du soleil levant. Ces fourmis, très-communes dans les Alpes, y sont un vrai bienfait de la Providence ; leurs demeures servent de boussole au montagnard, et plus d'une fois ont remis dans sa route le chasseur ou le voyageur égaré.

Une petite espèce compose l'intérieur de son nid avec plus de soin et de travail : il est divisé en plusieurs étages superposés, séparés par des cloisons parfaitement lisses et soutenues par de petites colonnes d'une légèreté extrême. Comment, avec la terre qui leur fournit seule des matériaux, les fourmis donnent-elles à leur élégant ouvrage la solidité nécessaire ? leurs habitudes nous donneront le secret de leur art. Cette espèce ne sort que le soir à la fraicheur de la rosée, ou quand une petite pluie vient humecter le sol. Alors toute la peuplade s'agite ;

chaque fourmi rec ueille une petite pelote de terre
humide qu'elle façonne de ses mandibules, et dispose au fond de la cavité qu'on a choisie pour demeure. A mesure que les piliers, que les murailles
s'élèvent, toutes les plus petites inégalités sont cor-
rigées, tous les intervalles remplis ; tous travaillent
à l'œuvre commune avec un admirable ensemble ;
les travaux semblent répartis avec un discernement
qui étonne; jamais la construction de l'un n'en-
trave la construction de l'autre, et l'édifice dont
toutes les parties seront élevées à la fois, se trouve
achevé presque toujours sans qu'il y ait eu une
seule erreur un peu grave à corriger. Que maintenant il tombe une averse pour lier plus étroite-
ment les parcelles de terre qui le composent, qu'un
rayon du soleil durcisse les couches extérieures ;
la fourmillière aura toute la solidité désirable, et
les laborieux insectes s'y reposeront en sûreté de
leurs peines.

Les fourmis sculpteuses ont une tâche plus rude
encore ; avec leurs mandibules pour seul outil, elles
creusent le bois le plus dur, et l'on est frappé d'é-
tonnement à la vue des ouvrages considérables qu'a-
vec de si faibles moyens ces petits animaux parviennent à exécuter dans le tronc des arbres.

Écoutons Huber, habile naturaliste, qui a
particulièrement observé les fourmis. « Qu'on
« se représente, dit-il, l'intérieur d'un arbre en-
« tièrement sculpté, des étages sans nombre, plus
« ou moins horizontaux, dont les planches et les
« plafonds, à cinq ou six lignes de distance les uns
« des autres, sont aussi minces que des cartes à jouer,
« supportés tantôt par des cloisons verticales for-

« mant une infinité de cases, tantôt par une mul-
« titude de petites colonnes qui laissent voir entre
« elles la profondeur d'un étage presque entier, le
« tout d'un bois noirâtre et enfumé, et l'on aura
« une idée assez juste de l'habitation des fourmis
« fuligineuses.

« La plupart des cloisons verticales qui divisent
« chaque étage en compartiments sont parallèles ;
« elles suivent le sens des couches ligneuses toujours
« concentriques, ce qui donne un air de régula-
« rité à l'ouvrage. Les planchers pris dans leur
« ensemble sont horizontaux ; les petites colonnes
« sont d'une à deux lignes d'épaisseur, plus ou
« moins arrondies, d'une hauteur égale à l'éléva-
« tion de l'étage qu'elles supportent, plus larges en
« haut et en bas que dans le milieu, un peu apla-
« ties à leurs extrémités et rangées en lignes, parce
« qu'elles ont été taillées dans des cloisons paral-
« lèles.

« Quels nombreux appartements, quelle multi-
« tude de loges, de salles, de corridors, ces insectes
« ne se procurent-ils pas par leur seule industrie, et
« quel travail une si grande entreprise n'a-t-elle pas
« dû leur coûter! Ici ce sont des galeries horizontales
« cachées en grande partie par leurs parois, qui
« suivent les couches ligneuses dans leur forme
« circulaire ; ces galeries parallèles, séparées par
« des cloisons très-minces, n'ont de communica-
« tion que par quelques trous ovales pratiqués de
« distance en distance. Là, des parois percées de
« toutes parts sont transformées en colonnades qui
« soutiennent les étages et laissent une communi-
« cation parfaitement libre dans toute leur éten-

« due ; le parquet creusé en forme de sillons in-
« égaux , sert à retenir les larves des fourmis.

« Les étages creusés dans de grosses racines
« offrent plus d'irrégularité que ceux qui sont pra-
« tiqués dans le trou même de l'arbre ; on y trouve
« encore des étages horizontaux et de nombreuses
« cloisons ; mais si l'ouvrage est moins régulier, il
« gagne du côté de la délicatesse, car les fourmis
« profitent alors de la dureté de la matière, pour
« donner à leur bâtiment une extrême légèreté.
« Elles savent aussi recueillir les débris de bois,
« qu'elles ont détaché, les unir ensemble à l'aide
« d'une bave visqueuse, et s'en servir pour cal-
« feutrer les fentes et les ouvertures inutiles. »

Les fourmis n'ont pas pris tant de peine seulement pour se construire à elles-mêmes une demeure
spacieuse et commode : le principal objet peut-être
de leurs travaux est d'assurer un asile à leurs petits
qu'elles élèvent avec des soins et une sollicitude
admirables.

Quand les femelles sont prêtes à pondre, les
fourmis neutres leur arrachent les ailes, et les gar-
dent ainsi pour les empêcher de quitter la fourmilière ; du reste elles leur prodiguent toutes les
attentions, toutes les prévenances : pour elles est la
meilleure place du logis, pour elles la meilleure
nourriture ; aussi la femelle s'habitue sans peine à
cette douce captivité ; sans cesse elle est accompagnée
de certain nombre d'ouvriers, cortége empressé qui
semble deviner tous ses besoins. Est-elle fatiguée ,
plusieurs fourmis aussitôt la saisissent avec
leurs mandibules, et la transportent délicatement.
Ce sont elles encore qui recueillent ses œufs à peine

pondus, les transportent en un lieu de sûreté, et leur donnent mille soins, sans lesquels ils seraient condamnés à une inévitable stérilité. Les larves qui naissent environ quinze jours après la ponte, sont de petits vers transparents, sans pattes, et à peu près incapables de mouvement. A peine donnent-elles signe de vie, que les neutres s'empressent autour d'elles pour ne plus les quitter un instant : les uns dressés sur leurs pattes sont prêts à les défendre contre tout assaillant; les autres sont chargés de les préserver de tout contact dangereux et de les maintenir dans une grande propreté. Mais voici qu'un rayon de soleil a lui sur la fourmilière; les sentinelles placées à l'extérieur courent avertir leurs compagnes en les touchant de leurs antennes. Toutes se préparent; il s'agit de transporter à la surface du nid les larves et les nymphes : chaque ouvrière en transporte une entre ses mandibules, et toutes sont bientôt réunies sous une espèce de toit qui les garantit des rayons les plus ardents, sans les soustraire à l'action bienfaisante d'une douce chaleur.

La tâche des ouvrières n'est pas terminée. Nourrices des larves, elles sont encore chargées de préparer leurs aliments; elles leur apportent dans la bouche une pâte succulente et légère qui a subi dans leur estomac une première élaboration et que les larves sucent à l'aide d'une espèce de trompe rétractile qu'elles ont reçue pour cet usage.

Bientôt ces larves, parvenues à leur complet développement, se filent une coque et se changent en nymphes. La nymphe demeure immobile dans son fourreau de soie, et ne saurait en déga-

ger ses membres emmaillottés et engourdis : pé-
rira-t-elle par ce vice de sa conformation? Ses
attentives gardiennes veillent encore sur elle avec
cet étonnant instinct qui ne trompe jamais : la
Providence leur a dit le jour et l'heure où les
nymphes devaient paraître à la lumière. Alors elles
déchirent avec précaution la coque qui les recouvre, enlèvent les débris de la gaine qui contenait
leurs organes, en allongeant successivement toutes
les parties, développent avec adresse les ailes des
femelles et des mâles, soutiennent les pas chance-
lants du jeune insecte qu'elles ont délivré, et lui
apportent une nourriture particulière, qui lui a
bientôt fait trouver toute son agilité. Pendant
quelques jours ces nouveaux membres de la famille
restent dans l'intérieur de l'habitation, objet d'une
surveillance continuelle : elles sont protégées, in-
struites, nourries par les neutres qui semblent les
initier aux fonctions de leur nouvelle carrière, et
qui ne les abandonnent pas avant de les avoir ren-
dus capables de se rendre, par une vie laborieuse,
des membres utiles de la société.

Peut-on considérer sans émotion ces tendres
attentions, cette persévérante sollicitude, ces soins
si constants, parmi des êtres si faibles et si petits.
Ne semblent-ils pas d'ailleurs une sorte de prodige
dans l'économie de la création? L'amour maternel
même dans les êtres sans raison ne nous étonne
pas, tant il nous paraît indispensable à la nature.
Mais ici, ce sont des étrangers qui consacrent
leur vie à la conservation, au bien-être de petits
qui ne sont pas les leurs ! Sage et admirable précaution sans laquelle tous les efforts de l'amour

maternel ne sauveraient pas cette population naissante, espérance de la société. Les mères véritables ne sauraient donner à leur progéniture toute la protection nécessaire. Ne craignez point, leur prodigieuse fécondité n'aura pas été inutile : la Providence a mis à leur place des mères d'adoption, avec le même amour, la même constance, le même dévouement.

La fourmilière a été construite, les jeunes fourmis ont été élevées, la république est florissante; mais la mauvaise saison approche : plus d'excursions dans la campagne, plus d'aliments offerts à chaque pas; comment donc ces insectes passeront-ils la saison rigoureuse? Quoi qu'en ait dit le bon La Fontaine, on sait maintenant que les fourmis n'amassent point de provisions, et, nulle part, l'Écriture sainte ne le fait entendre, comme on l'a faussement avancé. Pourtant notre intéressante nation ne doit pas périr de faim. Quand le froid est rigoureux, les fourmis, engourdies et sans mouvement, n'ont besoin d'aucune nourriture; leurs besoins cessent avec les moyens de les satisfaire. La température s'élève-t-elle, les fourmis s'éveillent; mais la Providence leur a ménagé une ressource aussi sûre pour elles, qu'elle est curieuse et admirable pour nous. On sait que les plantes sont parfois couvertes de pucerons qui en sucent la séve; ces petits insectes portent en arrière deux sortes de cornes creuses, par lesquelles ils laissent sortir une liqueur sucrée et transparente; les fourmis la recueillent sur les feuilles où elle est déposée. Mais elles savent aussi se la procurer à volonté. On voit souvent au milieu d'une bande de

pucerons une fourmi se promener paisible et inoffensive; elle s'en va, au contraire, flattant de ses
antennes chacun de ces petits animaux; bientôt
excités par ces caresses, ils laissent échapper le
suc nourricier que la fourmi absorbe avidement.
Pendant l'hiver les pucerons sont l'unique ressource de plusieurs espèces de fourmis. Les four-
mis-jaunes entre autres ne sortent presque jamais
de leur demeure, elles ne vont ni butiner sur les
fruits, ni donner la chasse aux autres insectes;
mais elles savent enfermer avec elles dans leurs
souterrains tout un troupeau de pucerons chargés
de les nourrir; en remuant leurs fourmilières on
voit les racines qu'elles ont soin de conserver,
couvertes de plusieurs espèces de pucerons. Ces
fourmis veillent avec sollicitude sur ces animaux, elles les emportent au moindre danger dans
la fourmilière, les défendent comme leur plus
riche trésor : elles augmentent le nombre de ces
précieux captifs, soit en les enfermant par des bâ-
tisses sur les plantes qu'ils fréquentent, soit en
creusant des conduits jusqu'aux lieux où ils se
rassemblent. « Car la fourmilière est plus ou
« moins riche, suivant qu'elle a plus ou moins de
« pucerons : c'est leur bétail, ce sont leurs vaches
« et leurs chèvres. On n'eût pas deviné que les
« fourmis fussent des peuples pasteurs ! » (Huber.)

Les fourmis n'ont pas seulement des animaux domestiques, quelques espèces ont aussi des esclaves,
qu'elles ont enlevés par force et qu'elles char-
gent de tous les travaux, de tous les soins domestiques dans leur propre habitation. Ces fourmis ra-
visseuses, qui semblent ne vivre que pour com-

battre et piller, se reconnaissent à leurs longues
mandibules, armes de guerre bien plutôt qu'instruments de travail. Elles en font usage dans leurs
continuelles expéditions qui ont pour objet une
véritable traite de nègres. Huber, que nous avons
déjà cité plusieurs fois, a le premier observé les
luttes acharnées qui s'engagent entre les différentes peuplades. « Un soir, dit-il, je vis à mes
pieds une légion d'assez grosses fourmis rousses
qui, après de longs circuits dans la prairie, arri-
vèrent près d'un nid de fourmis noires-cendrées,
dont le dôme s'élevait au milieu du gazon. Quelques fourmis de cette espèce se trouvaient à la
porte de leur habitation. Dès qu'elles découvrirent
l'armée qui s'approchait, elles s'élancèrent sur
celles qui se trouvaient à la tête de la cohorte ;
l'alarme se répandit au même instant dans l'intérieur du nid, et leurs compagnes sortirent en foule
de tous les souterrains. Les fourmis rousses, dont
le gros de l'armée n'était qu'à deux pas, se
hâtèrent d'arriver au pied de la fourmilière ; toute
la troupe se précipita à la fois et culbuta les noires-
cendrées, qui après un combat très-court mais
très-vif, se retirèrent dans leur habitation : les
fourmis rousses gravirent les flancs du monticule,
s'attroupèrent sur le sommet, et s'introduisirent
en grand nombre dans les premières avenues ;
d'autres groupes de ces insectes travaillèrent avec
leurs mandibules à pratiquer une ouverture vers
la partie latérale de la fourmilière : cette entreprise leur réussit, et le reste de l'armée pénétra
par la brèche dans la cité assiégée. Elles n'y firent
pas un long séjour : trois ou quatre minutes après

les fourmis rousses sortirent à la hâte par les mêmes issues, tenant chacune à la bouche une larve ou une nymphe de la fourmilière envahie. Elles reprirent exactement la route par où elles étaient venues, et se mirent sans ordre à la suite les unes des autres. Près de la fourmilière qui avait souffert cet assaut, on voyait un petit nombre d'ouvrières noires-cendrées, perchées sur des brins d'herbes, tenant à leur bouche quelques larves qu'elles avaient sauvées du pillage, et qu'elles rapportèrent à leur habitation.

« Je suivis les fourmis rousses chargées d'un ample butin d'œufs de larves et de nymphes, et j'arrivai avant elles à leur demeure ; mais quelle fut ma surprise en voyant à la surface un grand nombre de fourmis noires-cendrées. Je soulevai la couche extérieure de l'édifice, il en sortit encore davantage, et je commençais à croire que c'était aussi une de ces fourmilières pillées par les fourmis rousses, lorsque je vis arriver à la porte du nid la légion de celles-ci, chargée des trophées de la victoire. Son retour ne causa aucune alarme aux noires-cendrées ; les fourmis rousses descendirent avec leur proie dans les souterrains, les noires-cendrées ne parurent pas s'y opposer ; j'en vis même plusieurs s'approcher sans crainte de ces fourmis guerrières, prendre quelques uns de leurs fardeaux, et les emporter dans le nid.

« Cette singulière découverte piqua vivement ma curiosité ; pour connaître les relations de ces deux espèces de fourmis, j'ouvris une de leurs fourmilières, et j'y trouvai un grand nombre de fourmis rousses au milieu des noires-cendrées, et je commençai à acquérir quelques notions sur leurs rapports mutuels. Les noires-cendrées s'occupèrent tout de suite à rétablir les avenues de la fourmilière mixte , et emportèrent dans les souterrains les larves et les nymphes que j'avais mises à découvert. Les rousses au contraire passèrent , indifférentes , sur les larves sans les relever, et ne se mêlèrent pas un instant aux travaux des noires-cendrées.

« Mais bientôt la scène change tout à coup. Plusieurs fourmis rousses quittent la fourmilière, s'approchent de toutes celles qu'elles voient venir, et les touchent avec leurs antennes pour leur donner le signal du départ. Une colonne s'organise , s'avance en ligne droite , et traverse la prairie ; elle s'avance avec rapidité , et cependant on n'y remarque aucun chef : toutes les fourmis se trouvent tour à tour les premières ; dans leur ardeur, elles semblent chercher à se devancer. Arrivées à plus de vingt pieds de leur habitation , elles s'arrêtent, se dispersent , et tâtent le terrain avec leurs antennes, comme des chiens flairant le gibier ; elles découvrent bientôt une fourmilière souterraine. Les noires-cendrées sont restées au fond de leur demeure ; les fourmis rousses ne trouvent aucune opposition , pénètrent dans une galerie ouverte ; toute l'armée entre successivement dans le nid, s'empare des nymphes , et sort par plusieurs issues ; aussitôt elles reprennent la route de la fourmilière mixte , courant à la file avec rapidité ; les dernières qui sortent de la fourmilière assiégée , sont poursuivies par quelques uns des habitants qui cherchent à leur dérober leur proie, mais il est rare qu'ils y parviennent.

« Suivons encore la troupe pillarde. Elle retourne

à l'assaut de la fourmilière qu'elle a déjà dévastée, ses habitants ont eu le temps de se rassurer, et de placer de fortes gardes à chaque porte. Les rousses, en trop petit nombre d'abord, fuient lorsqu'elles voient les noires-cendrées en défense ; elles retournent vers leur troupe, s'avancent et reculent à plusieurs reprises, jusqu'à ce qu'elles se sentent en force ; alors elles se jettent en masse sur une des galeries, chassant, mettant en déroute les noires-cendrées ; toute l'armée s'est introduite dans la cité souterraine, et enlève une grande quantité de larves qu'elle emporte à la hâte ; mais on ne voit jamais les rousses emmener des insectes parfaits, c'est aux larves seules qu'elles en veulent. A leur retour à la fourmilière mixte, les larves reçoivent encore le meilleur accueil : les noires-cendrées ont serré la première récolte ; chacune des rousses pose derechef sa nymphe à l'entrée de l'habitation, ou la remet immédiatement à quelque noire-cendrée, et celle-ci s'empresse de la porter dans l'intérieur du nid. Le lendemain eurent lieu de nouvelles expéditions à d'autres fourmilières, qui eurent toutes le même succès.

« Les fourmis sanguines ont une autre manière de combattre ; elles partent par petites troupes près d'un nid de noires-cendrées, et se dispersent tout autour. Bientôt des escarmouches s'engagent, et ce sont toujours les fourmis assiégées qui attaquent les assiégeantes ; les noires-cendrées se préparent à une vigoureuse résistance ; mais par une prudence vraiment remarquable, et comme si elles se défiaient de leurs forces, elles songent au salut des larves qui leur sont confiées. Longtemps avant que l'issue de la bataille puisse être pressentie, elles apportent leurs nymphes en dehors des souterrains, les amoncellent à l'entrée du nid, du côté opposé à celui d'où viennent les fourmis sanguines. Cependant de nouvelles recrues sont arrivées à chaque instant augmenter le nombre des assaillantes. Les noires-cendrées, après une vive résistance, renoncent à se défendre davantage ; elles s'emparent des nymphes qu'elles ont rassemblées hors de leur fourmilière, et les emportent au loin. Une partie des fourmis sanguines se met à leur poursuite, les autres pénètrent dans l'intérieur de la fourmilière, s'emparent de toutes les avenues, et enlèvent ce qui reste de larves et de nymphes, pour en faire autant d'ilotes qui demeureront seuls chargés des travaux de la société. » (Huber.)

Souvent à la suite de ces luttes, les fourmis vaincues, ne se trouvant plus en sûreté dans leur habitation, se décident à recommencer leurs travaux dans quelque lieu plus paisible. Plusieurs fourmis sont envoyées à la découverte. Dès qu'un endroit convenable est trouvé, elles reviennent à la fourmilière, saisissent quelques unes de leurs compagnes, et les transportent à l'emplacement de la demeure nouvelle. Celles-ci ont à peine exploré le terrain, qu'elles se mêlent aux fourmis porteuses, et viennent à leur tour faire des recrues. Quelquefois, sans laisser à leurs compagnes le temps de se reconnaître, elles les emportent de vive force, et ne leur rendent la liberté qu'au lieu de leur destination : le plus souvent, elles usent de moyens plus doux et non moins efficaces. Elles s'approchent des habitantes de l'ancienne fourmilière, les caressent avec leurs antennes, et engagent avec elles un entretien qui semble le plus ordinairement persuasif. La fourmi ainsi avertie, se suspend au cou de sa compagne, et toutes deux arrivent à la fourmilière en construction, pour ne la plus quitter.

Rien n'est plus intéressant, dans l'étude des insectes, que l'observation de ce langage muet, dont les fourmis, plus que tous les autres, semblent faire un fréquent usage. Comment des animaux sans raison peuvent-ils se communiquer des projets, se donner réciproquement des avertissements variés, rendre compte en quelque sorte des missions dont ils sont chargés? C'est une énigme sans doute qui exercera long-temps les conjectures de l'homme; mais sans qu'il soit besoin pour nous de l'expliquer, n'est-elle pas une preuve, ajoutée à tant d'autres, que la Providence multiplie les prodiges, pour la conservation des moindres êtres que sa bonté a placés en ce monde?

Les fourmis n'offrent pas les seuls exemples de sociétés régulières parmi les insectes : il suffirait de citer celle de ces petits animaux si utiles, qui recueillent pour nous, sur les fleurs, le doux nectar de leur miel. Le gouvernement des fourmis est démocratique, celui des Abeilles est monarchique; une seule d'entre elles est entourée des soins, des hommages, de la soumission universelle, et, mère de la peuplade, elle en est aussi la reine. Une ruche au printemps renferme trois sortes d'habitants, diversement organisés, suivant les fonctions qu'ils auront à remplir. Les plus nombreux sont les ouvrières, qui sont chargées de tous les travaux nécessaires à la conservation de la société; mais aussi aucun instrument ne leur manque : leurs jambes postérieures présentent un enfoncement triangulaire, en forme de palette ou de corbeille, où elles amassent la poussière des fleurs. Le premier article des tarses postérieurs, très-dilaté et couvert de poils épais, est une véritable brosse, avec laquelle l'abeille enlève le pollen, dont elle s'est couverte en butinant dans les corolles des fleurs. Ses fortes mandibules servent à façonner la cire ; sa trompe fléchie, dans le repos, sous le menton, s'étendra à volonté pour se plonger dans les sucs qu'elle aspire. Enfin, les abeilles ouvrières, chargées de la défense de la ruche, ont une arme redoutable, et l'homme même n'attaquerait pas impunément cette petite garnison. De son abdomen, l'insecte darde à son gré un aiguillon partagé en deux branches, garnies de chaque côté de dentelures disposées en fer de flèche. Ce dard tellement poli, tellement aigu, que le plus fort microscope n'y découvre aucune irrégularité, et que la pointe échappe aux regards, pénètre aisément dans les chairs en causant une vive douleur. C'est que l'abeille distille dans la plaie une liqueur âcre et mordante, poison mortel pour la plupart de ses ennemis. Mais il ne lui est pas permis d'abuser de cette arme dangereuse ; les dentelures de l'aiguillon l'ont aidé à pénétrer dans les chairs ; dès qu'il est introduit, l'abeille ne peut le retirer qu'avec de grandes précautions ; souvent le dard reste dans la blessure, et cette perte cause bientôt la mort de l'insecte. Ainsi l'abeille semble avoir été destinée à nous donner cette leçon utile : que la violence est presque toujours fatale à celui qui l'emploie.

La reine ou mère-abeille est armée comme les ouvrières, de l'aiguillon, et souvent elle est obligée d'en faire usage. Mais, destinée seulement à propager l'espèce, elle ne travaille jamais, aussi n'a-t-elle aux pattes ni brosse ni palette.

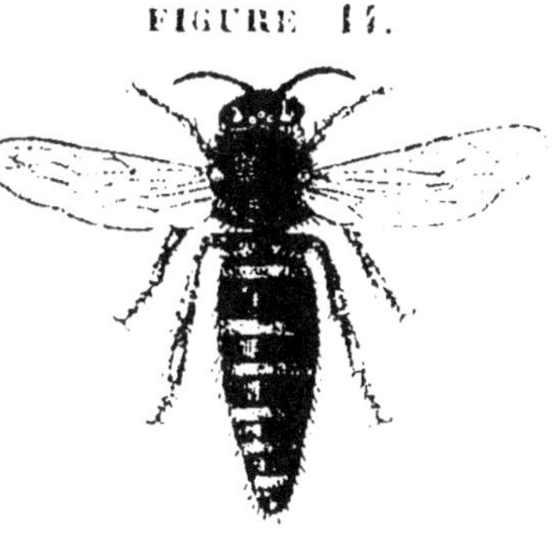

La reine-abeille.

Les mâles sont dénués comme la reine de ces instruments ; paresseux habitants de la ruche, où ils sont ordinairement au nombre de douze cents ou deux mille, ils n'ont pas même d'aiguillon pour la défendre, mais aussi, comme nous le verrons, quand leur présence sera devenue inutile, ils ne devront plus consommer la précieuse provision.

Examinons la merveilleuse organisation de la société, en suivant le détail de ses intéressants travaux.

Une colonie d'abeilles vient de s'établir dans la ruche où elle fixera sa demeure. Aussitôt les ouvrières se mettent à la nettoyer, et à enlever tous les débris d'insectes et de plantes qu'elle peut contenir : la plus grande propreté règnera toujours parmi elles. Si le soleil n'a pas encore quitté l'horizon, plusieurs ouvrières profitent du reste du jour pour aller amasser dans la campagne une liqueur résineuse de couleur rougeâtre nommée propolis, qu'elles trouvent, dit-on, sur les bourgeons des arbres ; elles rentrent les palettes garnies de cette substance, dont leurs compagnes s'empressent de les débarrasser. Les abeilles enduisent avec cette propolis tout l'intérieur de la ruche pour en boucher exactement les fentes ; parfois, elle sert à préserver la société d'accidents funestes. Une limace qui s'était introduite dans une ruche, y périt bientôt sous les coups redoublés des aiguillons ; mais il fallait se débarrasser de son cadavre ; long-temps les abeilles essayèrent de l'entraîner au dehors ; la masse, trop considérable, résista à leurs efforts répétés ; tout à coup, nos insectes allèrent recueillir une grande quantité de propolis, ils en enduisirent tout le corps du limaçon, et le mastiquèrent de telle sorte, qu'il put se décomposer sous son enveloppe, sans exhaler aucune odeur nuisible aux habitants de la ruche. On a vu même des mulots tués de la même manière, et ensevelis ainsi au milieu de la peuplade qu'ils avaient osé troubler.

Dès que la propolis est employée, les travaux de construction commencent : il s'agit d'élever l'édifice qui recevra les œufs pondus par la femelle et la provision d'aliments nécessaires pour la mauvaise saison. C'est alors que commence cette existence laborieuse des abeilles, consacrée tout entière à l'utilité commune ; chacun de ces insectes, sans s'occuper de lui-même, n'épargne ni travaux ni fatigues pour contribuer au bien-être de tous. Aussi, quelle harmonie, quelle prospérité constante dans des sociétés où tout obéit sans révolte et sans contrainte aux règles que la Providence elle-même a tracées !

C'est avec la cire que les abeilles construisent leurs rayons. Cette cire, que l'on a crue longtemps formée par le pollen des fleurs, est extraite de la substance même qui compose le miel ; mais il faut qu'elle subisse une préparation particulière dans l'estomac des abeilles. Celles-ci, après avoir fait leur provision, restent quelque temps immobiles jusqu'à ce que la cire soit suffisamment élaborée ; alors leurs travaux commencent. On les voit aussitôt se disposer régulièrement, en files parallèles, vers le sommet de l'habitation, à un endroit qui forme saillie ; elles dégorgent tour à tour, par les extrémités de leur trompe, la cire molle et distillée, et en forment des lames saillantes éloignées d'environ un pouce l'une de l'autre. Ces bases fragiles sont les fondements de l'édifice. Sur ces lames on voit bientôt se former de part et d'autre les cellules dont la réunion doit former les gâteaux ou rayons. Les cellules sont ébauchées d'abord et n'offrent qu'une grossière apparence ; mais bientôt nos habiles ouvriers les ont rabotées, polies, affermies, changées enfin en alvéoles à six faces d'une admirable régularité ; un cordon de propolis qui fortifie les bords des cellules les empêchera désormais de se déformer. La base de chaque alvéole est composée de trois pièces régulièrement carrées, et appliquées l'une contre l'autre de manière à donner appui chacune à deux des faces latérales. Ces bases sont la suite de cette lame de cire, premier appui de tout le travail. Les trois côtés de la base de chaque alvéole, servent, de l'autre côté du gâteau, à former chacun une pièce de la base de trois alvéoles opposés. Ainsi est résolu un véritable problème géométrique : les abeilles ont trouvé précisément pour leurs cellules la figure qui ménage le plus et la place et les matériaux.

5.

Il est impossible de considérer sans étonnement un simple rayon d'abeilles, ce chef-d'œuvre de l'industrie des insectes ; on a voulu supposer qu'un travail aussi parfait ne pouvait être produit que par des êtres doués d'intelligence. Mais cette perfection même prouve que ces animaux si habiles ne sont que des instruments aveugles conduits par une main qui ne s'égare jamais. Admirons la bonté divine qui prend soin de tracer elle-même à ses faibles créatures le plan qu'elles doivent suivre invariablement ; mais ne rabaissons pas par une comparaison injuste la dignité de l'homme que Dieu a mis à la tête de la création, à qui seul de tous les êtres terrestres, il a départi le don sublime de la raison. Ses tâtonnements, ses essais, ses erreurs mêmes, sont la preuve la plus éclatante du libre essor qui est donné à son intelligence : « D'où « peut venir, s'écrie Buffon, l'uniformité que nous « remarquons dans les ouvrages des animaux ? « Pourquoi chaque espèce ne fait-elle jamais la « même chose que de la même façon, tandis que « nous, au contraire, nous mettons tant de diversité « et de variété dans nos œuvres. Si les animaux « étaient doués de la puissance de réfléchir même « au plus petit degré, ils seraient capables de quel- « que espèce de progrès. En voilà plus qu'il n'en « faut pour démontrer l'excellence de notre nature « et la distance que Dieu a mise entre l'homme et « la bête. »

Les gâteaux sont disposés perpendiculairement dans la ruche, et souvent ils en occupent toute la hauteur et toute la largeur ; les abeilles ont soin de laisser entre eux un espace de quelques lignes pour leur servir de passage et de refuge pendant les rigueurs de l'hiver. Ces gâteaux présentent des cellules de trois espèces différentes. Les plus petites sont employées indifféremment à loger les larves des abeilles neutres, ou à recevoir les provisions ; les secondes, un peu plus larges, reçoivent les œufs d'où sortiront les mâles ; enfin dans les troisièmes, alvéoles royaux à parois beaucoup plus épaisses et de la forme d'un gland, seront élevées les jeunes reines. Une bonne ruche au printemps contient environ cinquante mille alvéoles ; combien une pareille tâche a dû coûter aux ouvrières de peines, de soins et de travaux ?

Aussitôt que les cellules sont faites, la reine, qui seule est chargée de multiplier l'espèce, commence la ponte, qui dure jusqu'à l'automne. Elle ne confie ses œufs aux alvéoles que quand elle les a visités elle-même et s'est assurée qu'ils sont placés convenablement ; si par hasard elle a déposé plusieurs œufs dans la même cellule, les ouvrières se hâtent d'enlever les œufs surnuméraires ; la ponte, pendant laquelle la reine a été entourée des soins continuels de sa peuplade, cesse avec la saison des fleurs.

Bientôt la chaleur de la ruche a fait éclore les œufs pondus par la reine : ce sont les ouvrières qui, comme les fourmis neutres, nourrissent la petite larve blanchâtre qui occupe maintenant le fond de l'alvéole. Dès le matin elles vont butiner sur les fleurs, se roulant dans les corolles pour enlever avec leurs poils la poussière des étamines, qu'elles recueillent ensuite avec leur brosse et amassent dans leurs palettes. Ce pollen uni avec de l'eau et du miel dans l'estomac des ouvrières, forme la pâte qu'elles vont dégorger aux jeunes larves. Les larves de reine ont une nourriture particulière, semblable à une gelée épaisse et qui seule est capable de donner tout leur développement aux organes du jeune insecte ; car il est constaté que les œufs de reine sont semblables aux œufs d'ouvrière, et que la différence de nourriture produit seule un changement d'organisation. C'est pourquoi les abeilles qui ont perdu leur reine peuvent à volonté la remplacer quand elles ont de jeunes larves d'ouvrières. Huber a observé plusieurs fois cette étrange métamorphose, ressource que la Providence a ménagée aux abeilles contre une destruction certaine ; car la ruche privée de reine ne tarde pas à périr : « Après avoir choisi un œuf d'ouvrière, dit le naturaliste genevois, elles sacrifient trois des alvéoles contigus à celui où il est placé. Elles en emportent les vers et la bouillie, et élèvent autour de lui une cloison cylindrique : sa cellule devient un vrai tube à fond rhomboïdal, car elles ne touchent point aux pièces de ce fond ; si elles l'endommageaient, il faudrait qu'elles missent à jour les trois cellules correspondantes de la face opposée du gâteau, et que par conséquent elles sacrifiassent les vers qui les habitent ; ce sacrifice n'étant pas nécessaire, la nature ne l'a pas permis. A mesure que le ver grandit, elles lui apportent sa nourriture qu'elles placent devant sa bouche et autour de son corps ; elles en font une espèce de cordon autour de lui ; le ver, qui ne peut se mouvoir qu'en spirale, tourne sans cesse pour saisir la bouillie placée devant sa tête. Ainsi il avance insensiblement et arrive tout près de l'orifice de la cellule ; c'est à cette époque qu'il doit se transformer en nymphe. les soins des abeilles ne lui sont plus nécessaires ; elles ferment son berceau d'une clôture particulière, et il subit au temps marqué ses métamorphoses. » Le seizième jour après la ponte, les jeunes reines sont devenues insectes parfaits, mais si la mère abeille est encore dans la ruche, les jeunes sont retenues prisonnières. Les ouvrières fortifient le couvercle de leurs alvéoles par un cordon de cire, et n'y laissent qu'un petit trou par lequel elles dégorgent du miel sur la trompe des captives.

Tel n'est point le sort des ouvrières et des mâles. Au vingt ou au vingt-quatrième jour, nos jeunes insectes ont déchiré l'enveloppe qui les retenait, et paraissent sous leur forme définitive. Faibles encore et humides, ils restent quelque temps immobiles sur les bords du gâteau, entourés par les ouvriers qui les brossent, les essuient, les caressent, et leur présentent du miel sur leurs trompes. Bientôt les nouveau - nés déploient leurs ailes affermies, et s'envolent dans la campagne.

Dès que les œufs ont commencé à éclore, la population de la ruche s'accroît avec une extrême rapidité. Bientôt le nombre des abeilles est si considérable que la ruche ne peut plus les contenir. Une partie va déserter la ruche, et le groupe, émigrant en essaim, fondera ailleurs une colonie. Des signes tout particuliers annoncent la transmigration ; la reine entre dans une agitation extrême qui se communique bientôt à toutes les abeilles ; on entend dans la ruche un bourdonnement violent, un grand nombre d'abeilles se tiennent au dehors, prêtes à partir. Enfin la reine quitte la ruche et un groupe nombreux s'élance avec elle. Ordinairement, après s'être balancé quelques moments au-dessus de la ruche qu'il veut abandonner, l'essaim va se poser sur quelque arbre voisin, où on le recueille pour l'établir dans une ruche nouvelle.

Les abeilles de la ruche mère privées de leur reine se hâtent d'aller délivrer, parmi les jeunes femelles, celle qui la première est arrivée à l'état d'insecte parfait. Cette reine doit dominer seule dans la ruche ; la présence de toute rivale jetterait dans la société le désordre, la division ; toutes les jeunes femelles encore captives sont donc condamnées à périr. C'est la reine elle-même qui se charge du massacre, Huber va nous le raconter : « Dans une ruche où se trouvaient cinq ou six cellules royales, la jeune reine, sortie de son berceau depuis dix minutes à peine, alla visiter les autres cellules encore fermées ; elle se jeta avec fureur sur la première qu'elle rencontra. A force de travail elle parvint à en ouvrir la pointe, nous la vîmes tirailler avec ses mandibules la soie de la coque qui y était renfermée ; mais probablement ses efforts ne réussissaient pas à son gré, car elle abandonna le bout de la grande cellule, et alla travailler à l'extrémité opposée, où elle parvint à faire une plus grande ouverture. Elle se retourna pour y introduire son ventre, et fit divers mouvements en tous sens jusqu'à ce qu'elle réussît à frapper sa rivale d'un coup d'aiguillon. Alors elle s'éloigna de cette cellule, et les ouvrières, qui jusqu'à ce moment étaient restées spectatrices de son travail, se mirent, après qu'elle eut quitté la cellule, à agrandir la brèche qu'elle avait faite, et en tirèrent le

cadavre d'une reine à peine sortie de son enveloppe
de nymphe.

« Pendant ce temps , la jeune reine victorieuse
se jeta sur une autre cellule royale et y fit également une large ouverture ; mais elle ne chercha pas
à y introduire son dard. Cependant la nymphe que
contenait cette cellule ne put échapper davantage
à la mort qui l'attendait. En effet , dès qu'une
grande cellule est ouverte avant le temps, les ouvrières en tirent ce qu'elle contient sous quelque
forme qu'il s'y trouve , de larve , de nymphe ou
d'insecte parfait, et la reine libre ne manque pas
d'entamer tous les alvéoles royaux. » Quelquefois la
victoire n'est pas aussi facile ; ce n'est pas contre
une nymphe embarrassée, c'est contre une ennemie égale en force et en courage que la reine doit
combattre : quand il arrive qu'une jeune reine
échappée de sa prison apparaît au milieu de la
ruche que gouverne déjà une souveraine, il s'engage un duel terrible qui se termine toujours par
la mort d'une des rivales ; Huber fut témoin d'un de
ces combats. « Dès que les reines furent à portée de
se voir, dit-il, elles s'élancèrent l'une contre l'autre
avec l'apparence d'une grande colère, et se mirent
dans une situation telle que chacune avait ses antennes prises dans les mâchoires de son ennemie,
la tête, le corselet, le ventre de l'une étaient opposés à la tête, au corselet, au ventre de l'autre ;
elles n'avaient qu'à replier l'extrémité postérieure
de leur corps, elles se seraient percées réciproquement de leur aiguillon et seraient mortes toutes
les deux dans ce combat. Mais la nature n'a pas
voulu que leurs duels fissent périr les deux com-

battantes : on dirait qu'elle a ordonné aux reines qui se trouveraient dans la situation périlleuse que je viens de décrire, de se séparer à l'instant même. Aussi, dès que les deux rivales sentirent que leurs aiguillons allaient se croiser, elles se dégagèrent l'une de l'autre et chacune s'enfuit de son côté.

« Quelques minutes après que nos deux reines se furent séparées, leur crainte cessa, et elles recommencèrent à se chercher ; bientôt elles s'aperçurent, et nous les vîmes courir l'une contre l'autre. elles se saisirent encore comme la première fois, et se mirent exactement dans la même position ; le résultat en fut le même ; dès que leurs ventres s'approchèrent, elles ne songèrent plus qu'à se dégager l'une de l'autre, et s'enfuirent. Les abeilles ouvrières étaient fort agitées pendant ce temps-là , et leur tumulte paraissait s'accroître lorsque les deux adversaires se séparaient. Nous les vîmes à deux différentes fois, arrêter les reines dans leur fuite, les saisir par les jambes et les retenir prisonnières plus d'une minute ; enfin, dans une troisième attaque, celle des deux reines qui était la plus acharnée ou la plus forte courut sur sa rivale au moment où celle-ci ne la voyait pas venir ; elle la saisit avec ses mandibules à la naissance de l'aile , puis monta sur son corps, et ramena l'extrémité de son ventre sur les derniers anneaux de son ennemie qu'elle parvint facilement à percer de son aiguillon ; elle lâcha alors l'aile qu'elle tenait entre ses mandibules, et retira son dard ; la reine vaincue tomba , se traîna languissamment, perdit ses forces très-vite, et expira bientôt après. »

On a remarqué que lorsque deux reines se trouvent ainsi dans une seule ruche, les abeilles semblent prévoir le combat que doivent se livrer les rivales, et le hâtent de tous leurs efforts, dans leur impatience d'en décider l'issue. Aussi les ouvrières s'accumulent autour des deux reines, et les retiennent prisonnières quand elles paraissent s'écarter l'une de l'autre; au contraire, si elles tendent à se rapprocher, toutes les abeilles qui gênaient leurs mouvements, s'écartent, et leur laissent toute liberté pour s'attaquer; puis elles reviennent les arrêter de nouveau, si les reines paraissent encore disposées à fuir.

Ces combats et ces meurtres ne sont pas les seuls dans la ruche. Quand la ponte est terminée, la société doit être débarrassée des faux bourdons, qui, désormais, consommeraient inutilement les provisions communes; l'heure de leur mort a sonné : à peine le dernier essaim a-t-il quitté la ruche qu'une guerre d'extermination commence. Des sentinelles vigilantes ont été placées aux abords de la ruche, pour ne laisser échapper aucune victime; l'entrée est interdite à tous les faux bourdons qui se trouvent au dehors; ceux qui sont dans la ruche sont poursuivis avec acharnement par les ouvrières qui les percent de leurs dards. Tout ce qui est mâle est sacrifié impitoyablement; les larves et les nymphes de bourdons, encore enfermées dans leurs cellules, en sont arrachées et piquées de toutes parts, puis jetées au dehors; c'est alors que l'on peut voir les alentours de la ruche tout jonchés de cadavres.

A la vue de ces tableaux de mort, de ces scènes de destruction, on va se récrier peut-être, et mettre en doute la bonté et la sagesse du Créateur : avant d'accuser la Providence, que l'homme songe que son intelligence est bornée, que ses vues sont étroites; qu'il prenne garde de blâmer un fait dans l'histoire de la nature sans en avoir embrassé l'ensemble. Dans les sociétés d'insectes, ces êtres sans âme et sans raison, l'individu disparaît et n'a plus d'utilité et de valeur que comme membre du corps qu'il est appelé à servir ; la conservation de la société est le seul but auquel tous les individus doivent tendre, la seule tâche à laquelle ils consacrent leurs soins et leurs peines. S'il arrive qu'au lieu de contribuer au bien-être général, ils deviennent inutiles ou nuisibles, s'ils ne peuvent plus que jouir du travail d'autrui sans travailler eux-mêmes, leur présence trouble l'harmonie de la société, ils sont un obstacle au lieu d'un secours, il faut qu'ils soient retranchés du corps ; et ces êtres, qui n'ont ni intelligence à cultiver, ni âme à rendre vertueuse et sainte, qu'importe qu'ils périssent comme les faux bourdons, frappés par un dard mortel, ou qu'ils disparaissent comme les éphémères emportés par le vent du soir à la fin de leur premier jour? La loi de la mort s'exécute de différentes manières, suivant qu'elles conviennent au plan du Créateur ; mais, portée contre tous, elle s'exécute sur tous.

Les mâles détruits, les ouvrières se hâtent d'achever leurs provisions d'hiver, qui ne courent plus risque d'être inutilement dilapidées. Elles recueillent le miel dans les corolles des fleurs; elles retirent une grande quantité de miélat, sorte de manne bienfaisante qui, chaque matin, s'accumule en pâte transparente et sucrée sur les feuilles du tilleul, du marronnier et de plusieurs autres arbres. Le miel est déposé à la partie supérieure de la ruche, dans les cellules vides, soit de mâles, soit d'ouvrières; à mesure qu'une alvéole est remplie, l'abeille la ferme avec un couvercle de cire qui empêche la douce liqueur de se répandre.

Bientôt le miélat s'est desséché sur les feuilles; les fleurs, devenues plus rares, refusent leur nectar aux abeilles butineuses; les vents froids engourdissent nos ouvrières, et les longues pluies d'automne les retiennent captives dans leurs demeures; parfois un rayon de soleil les invite encore à sortir, mais leurs travaux ont cessé, l'hiver a achevé de suspendre leurs courses. Pour se préserver du froid, elles se blotissent entre les gâteaux, à portée de leurs provisions, et elles restent pressées les unes contre les autres, dans un état de demi-léthargie, pour se réveiller au printemps, avec le zéphyr et les fleurs.

La Fontaine donne quelque part à entendre que l'art de construire des cellules passe le savoir des Frelons; ce jugement de l'aimable fabuliste est trop sévère. Sans doute les frelons ne construisent pas des rayons d'une uniformité aussi admirable que ceux des abeilles; cependant, comme les abeilles, les frelons et toutes les Guêpes forment des sociétés laborieuses et habiles, qui savent se bâtir des nids à cellules parfaitement en rapport avec leurs besoins, et souvent d'une légèreté et d'une élégance qui compensent certainement ce qui leur manque en régularité.

Les nids de guêpes sont de formes extrêmement variées : quelques unes placent leurs gâteaux dans la terre, d'autres les cachent dans des troncs d'arbres pourris, ou dans les creux des murailles, les frelons aiment à les attacher en dessous des charpentes. On trouve souvent, dans les buissons, de petits guêpiers composés de vingt à trente cellules soutenues sur une branche par un petit pédicule ; quelquefois ces nids très-volumineux sont suspendus aux arbres en forme de cloche ou de ballon ; parfois sur les rameaux, on découvre des enveloppes à lames feuilletées, qui ont exactement l'apparence de grosses roses desséchées et décolorées ; ce sont encore les nids d'une espèce de guêpe.

Les nids les plus communs sont ceux de la guêpe ordinaire, cet éternel fléau des fruits de toute espèce. Elle creuse dans la terre une galerie tortueuse et assez profonde pour que l'eau des pluies ne descende que difficilement dans son habitation ; à force de travail, elle pratique une cavité en déblayant la terre avec

FIGURE 15.

La guêpe commune.

ses pattes et ses mandibules ; le plus ordinairement elle profite des travaux d'une taupe qui est allée s'établir ailleurs. C'est là que l'on trouve le guêpier, de forme ronde en général, et revêtu extérieurement de plusieurs lames nuancées de teintes différentes, suivant les matériaux qui la composent, et semblable à du papier gris ou à du carton léger. La matière du guêpier, en effet, n'est pas la cire, mais une pâte que nos insectes composent avec des fragments d'écorce broyés et unis par une pâte visqueuse qu'ils dégorgent à volonté. A l'intérieur, le guêpier est régulièrement divisé en autant d'étages qu'il y a de gâteaux ; ces gâteaux portent des cellules de même forme que celles des abeilles, mais disposées d'un seul côté ; ils offrent de petits planchers soutenus et séparés l'un de l'autre par des piliers qui permettent aux habitantes de circuler librement dans l'intérieur.

Les constructions ne sont pas, comme celles des abeilles, entreprises par la peuplade tout entière. Au printemps, un petit nombre de femelles composent seules la société ; cependant elles se mettent courageusement à l'ouvrage, et jettent les fondements d'un édifice qu'à elles seules elles seraient incapables d'achever ; on dirait que la Providence leur apprend déjà qu'elle leur donnera bientôt du secours. A peine une cavité convenable a-t-elle été choisie et déblayée, qu'une première guêpe arrive, tenant entre ses mandibules une petite boule ligneuse, qu'elle étend à la voûte du souterrain ; les guêpes commencent toujours leurs nids par la partie supérieure ; sans doute leur instinct les avertit de commencer par préparer une toiture intérieure pour mettre leurs travaux futurs à l'abri de l'humidité que peut laisser pénétrer le sol. La première pierre ainsi posée pour ainsi dire, une seconde guêpe arrive avec une nouvelle boule qu'elle étend à côté de la première ; elle façonne cette pâte avec ses deux pattes de devant, comme un potier façonne l'argile entre ses doigts. Le Créateur, dans l'infinie diversité de ses œuvres, semble avoir appris aux animaux tous les métiers inventés par l'industrie humaine.

Les cloisons et les alvéoles sont composés de

la même matière ; pour en réduire les parois à l'épaisseur nécessaire, on voit la guêpe s'éloigner à reculons, frapper la lame ligneuse de tous côtés avec sa tête et ses pattes, la polir avec ses mâchoires, et ne l'abandonner que quand elle lui a donné tout le fini et toute la solidité convenables.

A mesure que les cellules se construisent, les femelles ouvrières pondent des œufs qui ne tardent pas à éclore ; les jeunes insectes se hâtent de prendre part aux travaux de leurs mères, qu'ils exécutent avec la même facilité, et les aident à nourrir les larves qui habitent encore les alvéoles. La population s'accroît rapidement ; les constructions avancent dans la même proportion, et sont bientôt terminées ; au commencement de l'automne, la population est à son complet, mais dès que la mauvaise saison approche, les froides matinées font périr les mâles ; les larves qui n'ont pas encore subi leur dernière métamorphose, sont mises à mort, dès que les aliments sont devenus rares ; la plupart des mères succombent à leur tour ; quelques jeunes femelles seulement survivent ; engourdies pendant la saison rigoureuse, elles s'éveilleront au printemps pour être les fondatrices d'une société nouvelle.

Les Bourdons forment comme les guêpes des républiques, qui ne paraissent pas avoir de chef, ni offrir entre leurs membres aucun rapport de subordination : mais l'instinct que la Providence leur a donné y supplée, et ces petits animaux, sans direction, sans guide, exécutent, avec un parfait accord, tous les travaux nécessaires à la conservation de la société.

FIGURE 16.

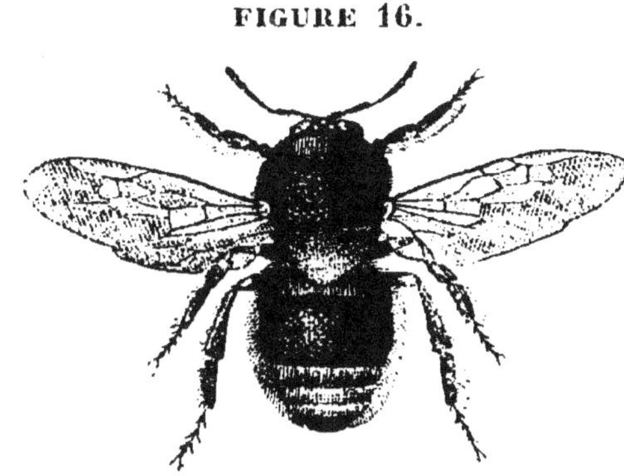

Bourdon gâcheur.

Aux premiers jours du printemps, quelques bourdons femelles échappés aux froids de l'hiver, commencent à construire leur nid, ordinairement sous le gazon des prairies ; à l'extérieur, c'est un petit monticule garni de mousse, qui diffère peu du tas de mousse auprès duquel les bourdons ont soin de l'établir ; pour que l'entrée de ce nid échappe plus facilement aux regards, ils le font précéder d'une galerie souterraine, tortueuse et tapissée de mousse, sous laquelle nos insectes passent et repassent sans être aperçus. Leur habitation est d'une rustique simplicité, la mousse en fait presque tous les frais ; la manière dont ils le construisent est cependant assez curieuse : un bourdon s'établit sous le lit de mousse le plus voisin de l'emplacement choisi, et tous les autres se disposent à la suite de celui-ci, jusqu'à l'entrée du souterrain ; le premier, à force de travailler des pattes et des mâchoires, sépare les brins de mousse et les arrache du sol ; il les tourne, les retourne, les carde en quelque sorte, et les passe un à un à son voisin, qui les nettoie encore une fois, et les rejette au troisième bourdon, et ainsi de suite, jusqu'à ce qu'ils soient arrivés à l'entrée du nid ou de la galerie. Alors l'insecte qui a reçu le brin de mousse, le prend entre ses pattes, et marchant à reculons, il le fait pénétrer jusqu'au fond du nid. Les parois supérieures et la terre sont garnies de mousse mastiquée avec de la cire, le fond est couvert d'une couche de feuilles. Peu habiles à travailler la cire, les femelles en amassent de petits tas irréguliers, où sont pratiqués des vides pour recevoir les œufs. Les larves qui en proviennent, sont nourries d'une pâte formée de pollen et de miel clair, qui est conservé dans de petits vases en cire. Bientôt l'intérieur du nid se garnit de cellules ovales, appliquées les unes contre les autres, tantôt ouvertes, tantôt fermées, et toutes placées verticalement. Ce sont des coques filées par les larves, et dont quelques unes sont déjà sorties à l'état d'insectes parfaits. Ceux-ci travaillent avec le reste de la peuplade dès qu'ils ont quitté leur prison. Les bourdons, comme les guêpes, meurent pour la plupart à la chute des feuilles; il n'en reste que quelques uns pour perpétuer l'espèce.

SECTION II.

Hyménoptères vivant isolés.

Nous avons étudié l'histoire de la plupart des hyménoptères qui vivent en société; il en est un grand nombre d'autres espèces, qui pour avoir une existence isolée, n'en offrent pas moins à l'opservateur des mœurs pleines d'intérêt, des instincts merveilleux, des industries d'autant plus admirables, que ces insectes n'ont plus les mêmes ressources , ni les mêmes secours. Plusieurs d'entre eux se font remarquer particulièrement par le soin extrême avec lequel ils préparent toutes les provisions nécessaires à une progéniture qu'ils ne verront jamais.

L'Anthophore pariétine, espèce d'abeille fort commune, et que son ventre conique fait aisément reconnaître, fait son nid sur les vieux murs, et plus ordinairement dans l'argile coupée à pic et exposée au soleil. Elle creuse d'abord une galerie oblique, ordinairement de neuf à dix pouces de profondeur ; elle façonne de petites boules avec la terre qu'elle extrait, et les réunit dans le voisinage du trou, pour les faire servir à une construction nouvelle : en général, quand la galerie est achevée , notre insecte va prendre une à une les petites pelotes de terre , les humecte avec une liqueur gluante , et les colle circulairement autour de l'orifice du conduit souterrain ; elle fait plusieurs assises l'une sur l'autre, et forme ainsi un tuyau recourbé vers la terre, afin que la pluie ne puisse jamais y pénétrer. La cellule ainsi préparée, notre insecte quitte son métier de maçon, pour devenir butineuse comme nos abeilles domestiques ; elle recueille une pâte formée d'étamines et de miel , qui servira de nourriture à ses larves. La provision faite , elle dépose un œuf dans la galerie ; reste à mettre en sûreté et le jeune insecte et ses provisions contre les attaques du dehors; l'antophore va recueillir de nouveau des petites boules de terre , elle les colle cette fois, à l'intérieur du tuyau ou de la galerie, de manière que chaque couche circulaire retrécisse l'ouverture. Bientôt le nid est solidement fermé ; la surface de cette porte

immobile est laissée inégale, pour moins attirer
l'attention au dehors, tandis que l'intérieur de la
cellule est au contraire poli et vernissé, pour que
rien ne blesse le corps délicat du jeune insecte qui
ne doit éclore qu'au printemps suivant, neuf mois
après la ponte.

Il n'est pas rare de voir sur les murs des petits
tas de gravier, de forme assez irrégulière, et que
l'on croirait produits par quelque éclaboussure, si
la hauteur à laquelle ils se trouvent et la sécheresse
des lieux n'empêchaient de former cette suppo-
sition. Ils sont construits par des insectes, et servent de nid aux larves de la Mégachyle des murs
ou Abeille maçonne. Cette abeille assez grosse,
noire et velue, choisit ordinairement pour établir
ses constructions, l'angle d'un mur ou les saillies
produites par les chaînes de pierres de taille, au coin
des édifices. Elle s'en va ensuite dans la campagne
chercher ses matériaux : on peut l'observer sur un tas
de gravier, tournant et retournant avec ses mandibules chaque grain de sable, les examinant avec
un soin tout particulier, jusqu'à ce qu'elle en ait
choisi un qui lui convienne ; elle le colle bientôt
à un autre, au moyen d'une liqueur visqueuse
qu'elle fait couler de sa bouche, et fait ainsi une
pelote qu'elle va porter au lieu où doit s'é-
lever le petit édifice. Il s'agit de construire avec ce
mortier plusieurs cellules à peu près de la forme
d'un dé à coudre. L'abeille les commence l'une
après l'autre ; une bande circulaire de maçonnerie,
forme la face de la première, dont les parois s'élèvent bientôt circulairement. On voit l'abeille sur
le bord qu'elle veut allonger, pétrissant sa pelote

d'argile entre ses pattes et ses mandibules, l'impré-
gnant de nouveau du ciment naturel qu'elle produit à volonté, pour la coller plus solidement , et quand elle est finie, faisant disparaître
avec soin toutes les inégalités de son ouvrage.
Avant que la cellule n'ait atteint entièrement sa
dimension , c'est-à-dire un pouce de profondeur
sur une ligne de diamètre, la mégachyle s'en va
butiner sur les fleurs , et change de métier, comme
l'anthophore ; elle fait une provision de miel qu'elle
amasse dans la cellule, y pond un œuf, et la ferme
avec un épais couvercle de mortier. Elle passe ensuite à une autre cellule qu'elle bâtit de même, et
ainsi de suite, jusqu'à ce que le nid soit complet.
Ces cellules sont alors irrégulièrement placées à
côté l'une de l'autre. L'abeille remplit les intervalles de mortier, et l'entoure d'une enveloppe
commune, qui, exposée à l'action de l'air et du soleil, devient bientôt d'une dureté extrême , et ré-
siste à toutes les attaques des ennemis du dehors.
La larve en naissant trouve auprès d'elle une nourriture abondante , bientôt elle file une coque , se
change en nymphe , puis devient insecte parfait.
Les murs de la prison qui l'enferment , obstacle
insurmontable pour les agresseurs , ne sauraient
retenir notre jeune abeille. La Providence lui a
donné les instruments et l'adresse nécessaires pour
briser ses chaînes ; à force de travailler avec ses
mandibules , elle fait un trou dans l'enveloppe du
nid, et s'échappe pour préparer à son tour la demeure de sa postérité future.

La Xylocope violette, assez semblable à un gros
bourdon, et remarquable par ses ailes fortement

colorées, exerce son industrie sur le bois; mais jamais elle n'attaque les arbres vivants, qui lui opposeraient trop de résistance; elle choisit les pieux, les poteaux, dont la surface commence à se décomposer, et qui sont exposés à l'ardeur du soleil. Ses mandibules sont pour elle une tarière avec laquelle elle creuse horizontalement un trou de la grosseur du doigt, puis elle change la direction, et pratique une galerie verticale qui atteint quelquefois jusqu'à un pied et demi de longueur. La galerie doit être divisée en un certain nombre de cellules qu'habiteront les larves de nos xylocopes. Les cellules sont séparées par de petites cloisons très-artistement travaillées. L'insecte choisit avec soin des grains de sciure qu'il a détachés en creusant sa galerie, les colle avec une liqueur analogue à celle que répand l'abeille maçonne, et les dispose en forme d'anneaux contre la paroi circulaire de la galerie. A l'intérieur de cet anneau, il adapte un autre anneau plus étroit, fabriqué de la même manière, et ainsi de suite, jusqu'à ce qu'un petit bouchon de bois ferme le dernier anneau et la cellule tout entière; auparavant la xylocope a eu soin de la remplir d'une pâte qui doit nourrir la larve, et d'y déposer un œuf. Des cloisons sont ainsi construites, et des cellules munies de leur œuf et de leur provision, jusqu'à l'orifice du tuyau.

Quand la petite larve éclot, la cellule presque tout entière est occupée par la pâtée; mais bientôt l'habitante du lieu s'est fait place en absorbant, à droite et à gauche, les aliments qui lui sont préparés; elle grandit à mesure que la provision diminue,

et bientôt c'est elle-même qui remplit sa demeure ;
elle n'a plus alors qu'à subir ses métamorphoses.

Les larves éclosent dans l'ordre où les œufs ont
été pondus, c'est donc l'insecte de la cellule la plus
profonde qui arrivera le premier à l'état parfait.
Mais comment sortira-t-il de sa prison ? Il y mour-
rait de faim, s'il attendait la métamorphose des
autres larves ; il faut qu'il se fraie un passage ; sans
doute ses dents, encore mal affermies, vont attaquer
la paroi la moins résistante ; mais cette paroi est
la cloison qui sépare la cellule inférieure, d'une cellule encore habitée par une larve ou une nymphe,
et que la jeune xylocope ne pourrait traverser sans
mettre en pièces l'insecte encore imparfait. Non,
les soins de la mère, également prodigués à tous
les êtres qu'elle a produits, ne seront pas ainsi
frappés de stérilité ; il n'entre pas dans le plan de
la sage Providence de sacrifier toute la famille à un
individu ; quelle précaution admirable elle emploie
pour détourner ce désastre qui nous semblait inévitable ! La larve de xylocope qui, pendant le temps
de sa croissance, s'est remuée en tous sens dans sa
cellule, est avertie par son instinct de se métamorphoser constamment la tête en bas. Une fois sortie
de sa coque elle ne peut plus se retourner, et il
lui faut bien attaquer la paroi inférieure qui se
présente la première, et prolonger la galerie pour
s'ouvrir un chemin. Ainsi, loin de nuire à ses
jeunes sœurs, la xylocope éclose la première se
forme déjà au rôle de mère, et le premier acte de
sa nouvelle existence est un acte de protection et
de secours pour de plus faibles qu'elle.

Plusieurs autres espèces, voisines des précédentes, préparent de même d'avance la demeure et la nourriture de leurs petits ; mais, munies d'instruments moins puissants, elles ne font usage ni du bois ni de la pierre ; c'est avec les feuilles et les fleurs qu'elles travaillent, et leurs ouvrages ne sont ni moins bien exécutés, ni moins curieux.

On peut remarquer souvent, sur les feuilles du rosier, des échancrures ovales ou circulaires ; on croirait que quelque promeneur a enlevé, avec un emporte-pièce, la portion de feuille qui a disparu laissant un vide régulier. Ces échancrures pourtant n'ont été faites que par une espèce d'hyménoptères, que l'on nomme la Mégachyle du rosier. Cet insecte vit solitaire ; il établit son nid dans la terre, et choisit un terrain sec, aussi compact que possible, pour y creuser, avec ses mandibules, une galerie d'un pied ou d'un pied et demi de profondeur, et régulièrement cylindrique ; quand la mine est terminée, la mégachyle commence à la garnir ; c'est alors qu'on la voit voler autour des rosiers, et choisir une feuille saine et entière, pour y tailler ses morceaux sur différents patrons, mais qui sont toujours les mêmes pour les mêmes usages. Elle a besoin d'abord de pièces ovales ; elle entame la feuille avec ses dents près de la principale nervure, y pratique une entaille qu'elle prolonge en frappant à coups redoublés, à mesure que la feuille se détache, prenant, comme d'elle-même, la forme qui convient à sa destination ; la mégachyle fait passer entre ses jambes la portion détachée, et s'y suspend jusqu'au moment où, tranchant la dernière fibre, elle s'envole avec son fardeau.

Elle pénètre dans son nid à reculons, tenant

toujours la feuille pliée en deux entre ses pattes ;
elle l'applique contre la paroi, lui fait prendre la
courbure nécessaire, et retourne aux rosiers en
chercher de nouvelles. Quand toute la galerie est
ainsi tapissée, l'insecte apporte des feuilles d'un
autre modèle, taillées en ovale tronqué ; il
porte celles-ci tout au fond de la galerie, et les
dispose en forme de dé à coudre : ce petit réservoir
est rempli d'une pâte molle pour nourrir la larve ;
la mégachyle y pond un œuf, et se hâte de fermer sa demeure. Alors elle tranche des parcelles
de feuilles d'une rondeur parfaite. N'est-ce pas
une chose admirable que de voir ces petits animaux, avec les seules ressources de leur instinct,
exécuter si aisément des figures que nous ne pourrions tracer qu'avec nos compas et nos mesures !
Ces pièces circulaires servent de couvercle à chaque cellule, sur lesquelles elles sont ordinairement
réunies au nombre de dix ou douze. La mégachyle
continue à construire des cellules par des moyens pareils, jusqu'à ce que la galerie soit suffisamment
garnie ; alors l'ensemble de l'ouvrage a l'apparence
d'un cylindre de feuilles sèches. Ces rouleaux faits
avec beaucoup d'art, ont plus d'une fois, dans des
temps d'ignorance, étonné et alarmé les laboureurs
superstitieux, qui, les rencontrant sous leur bêche
ou sous leur charrue, croyaient devoir attribuer
à la sorcellerie des ouvrages si jolis et si réguliers,
ne songeant point qu'il n'est pas d'industrie que,
dans sa sollicitude pour ses créatures, la Providence ne se soit plu à leur apprendre (1).

(1) Telle fut l'impression produite par la découverte de ces

L'Osmie du pavot, plus petite que la mégachyle, fait comme elle son nid dans la terre. Sans doute parce que ses mandibules sont moins fortes, elle ne s'établit jamais, comme la précédente, sur un sol dur et compact; elle choisit une terre sablonneuse et facile à percer. Elle creuse un trou plus ou moins vertical de trois à quatre pouces de profondeur ; au fond c'est une petite grotte assez large ; mais l'osmie a soin d'en rétrécir l'entrée pour qu'elle soit plus facile à fermer. Elle la garnit, non de feuilles de rosiers, mais de feuilles de coquelicots, plus faibles, plus délicates encore. Elle va les cueillir une à une, les plie en deux pour les faire entrer dans la petite cavité, et les étend sur les parois de manière à les garnir de tous côtés. Le nid achevé, l'osmie y apporte une pâtée analogue à celle que compose la mégachyle; y place un œuf, puis elle refoule à l'intérieur les pétales les plus légers, et ferme hermétiquement l'entrée. Mais cette précaution ne suffit pas encore. Les fourmis, avides de toutes les matières sucrées, pourraient aisément découvrir le nid, arracher les pétales de coquelicots, et enlever la provision amassée pour la jeune larve. L'osmie répand dans le vide qui reste encore la terre qu'elle a tirée du trou, et le comble entièrement; ainsi le jeune insecte, parfaitement en sûreté, subira sa métamorphose, et sortant de sa prison se livrera pour le même but aux mêmes travaux que sa mère.

---

rouleaux sur l'esprit du jardinier de Réaumur, qui les observa le premier; ce fut une alarme dans le village, jusqu'à ce que Réaumur eût démontré que ces rouleaux *magiques* n'étaient que les nids d'une espèce d'abeilles.

Pendant les chaleurs de l'été, on ne se promène pas longtemps dans les lieux sablonneux et exposés au soleil, sans voir une quantité d'insectes, aux couleurs souvent étincelantes, voltiger et courir avec une rapidité extrême, puis disparaître tout à coup dans les trous qu'ils se sont creusés de toutes parts. Suivons au milieu de la troupe vagabonde cet insecte si reconnaissable au long pédicule qui sépare son abdomen de sa poitrine, le Sphex du sable. Il s'est abattu sur le sol ; voyez-le, les ailes agitées, courir par sauts et par bonds sur ses longues pattes ; il cherche le lieu le plus favorable pour y creuser le nid où s'élèvera sa progéniture. Son choix est fait ; le voici à l'ouvrage :

FIGURE 17.

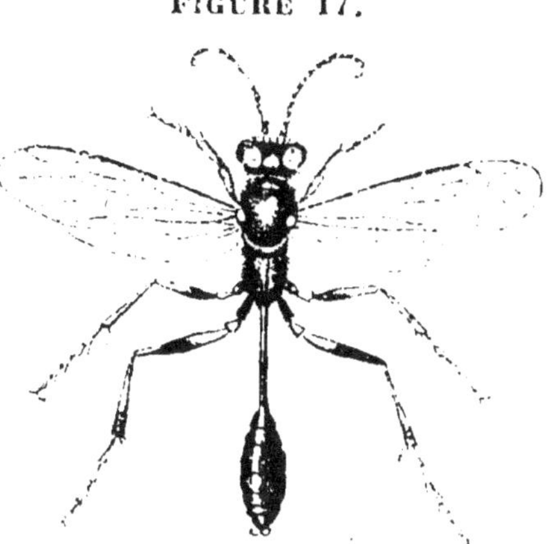

Le Sphex du sable.

le sable est-il mobile à la surface, il fait agir ses pattes de derrière et de devant avec une telle vivacité qu'il lance derrière lui un jet continu de poussière, et qu'il a bientôt disparu tout entier ; quand le terrain devient plus solide, l'insecte travaille avec plus de peine, mais avec une égale ardeur, il transporte les grains de sable un à un s'il le faut, et parvient à creuser une galerie de quelques pouces de profondeur : à l'extrémité de la galerie un petit caveau est destiné à recevoir un œuf, que le sphex y enfermera avec d'abondantes provisions.

Naguère le sphex voltigeait comme une abeille de fleur en fleur, et, paisible insecte, il ne suçait que le nectar des fleurs ; il ne mangeait que le pollen autour des étamines dorées ; pourquoi est-il devenu tout à coup animal belliqueux ? pourquoi le voit-on chercher des insectes avec acharnement, et les emporter dans ses serres ? Ses goûts n'ont pas changé ; mais il va pondre un œuf d'où sortira une larve carnassière : la providence l'a averti des besoins de sa progéniture ; et c'est afin de pourvoir à la nourriture d'un être qu'il ne verra jamais, qu'il commence un genre de vie tout nouveau, que ses habitudes pacifiques se changent en habitudes guerrières. C'est en général à des larves et à des insectes mous que les sphex font la chasse, et chaque espèce s'attache à recueillir un gibier de même race. Quand un sphex a découvert un grand nombre de chenilles vivant en société, on le voit revenir à chaque instant pour les enlever l'une après l'autre. Au moment où il les saisit, il les pique avec l'aiguillon dont son ventre est armé, et il paraît qu'au même instant l'insecte blessé reçoit à l'intérieur une goutte d'un liquide venimeux qui le paralyse, et qui, sans lui ôter la vie, prive ses membres de mouvement ; sans doute la Providence dans sa sagesse a voulu que cet être paralysé et immobile fût aussi privé de la sensibilité, car il est destiné à être placé, comme une sorte de provision de chair fraîche, dans une cavité resserrée, où il se trouve rangé et pressé auprès d'autres individus de son espèce, qui sont comme lui ap-

pelés à servir successivement de pâture à la larve
du sphex. Celle-ci, en sortant de l'œuf, n'aura qu'à
sucer et à dévorer la nourriture vivante, et par
conséquent incapable de se corrompre, que la
mère a pris soin de déposer auprès de chacun de
ses petits, précisément dans la quantité nécessaire
pour amener le jeune insecte à un parfait développement. Rien ne manque, rien n'est superflu,
tant l'instinct que le Créateur a donné à ces petits
êtres est un infaillible guide.

Le sphex le plus commun attaque de préférence
les araignées ; la chasse qu'il fait à ces animaux
offre un spectacle plein d'intérêt. Dès qu'il a découvert une toile bien tendue, pour arrêter au
passage quelque imprudent moucheron, il se met
sans bruit en embuscade dans les environs ; là,
immobile, attentif, il guette le moment où un
insecte vient se jeter dans la toile, et attire par ses
mouvements l'araignée qui, aux aguets elle-même
dans le fond de son trou, épiait sa proie : elle
accourt, enlace sa victime et se prépare à la sucer ; le sphex ne lui en laisse pas le temps : déjà il
a fondu sur l'araignée avec la rapidité d'un éper-
vier, il l'arrache de sa toile, l'entraîne dans ses
pattes et s'envole ; un instant après, on voit tomber les pattes de l'araignée que le ravisseur a cou-
pées avec ses pinces ; il l'apporte ainsi mutilée et
percée de son dard au nid où déjà sans doute quelques tronçons vivants attendent l'heure du réveil
de la larve qui précédera de bien peu celle de leur
mort.

Le Philanthe apivore habite, comme le sphex,
les endroits secs et sablonneux, et ses mœurs pré-

sentent beaucoup d'analogie avec celles de cet insecte. Moins vif et moins prompt dans l'exécution de ses travaux, il n'en vient pas moins à bout par la persévérance à remplir la tâche que son instinct maternel lui impose. Ordinairement c'est dans un sol très-dur qu'il creuse la galerie où il déposera son œuf. Son premier soin est d'en tracer la circonférence en pratiquant une petite fosse à peu près du diamètre de sa tête; puis il pénètre plus avant : on la voit ébranler avec ses mandibules les grains de sable qui lui résistent, les arracher violemment et les transporter hors de sa retraite. Quand les décombres se sont assemblés en trop grande quantité, des travaux de déblaiement commencent; alors le philanthe remonte du fond de sa galerie, à reculons, en agitant son abdomen qu'il élève et qu'il abaisse tour à tour; en même temps, ses pattes de derrière refoulent vigoureusement les matériaux; l'entrée de la galerie est bientôt débarrassée et le philanthe disparaît de nouveau au fond de sa galerie pour la prolonger encore.

Il arrive assez souvent que les derniers travaux ébranlent les premiers; les parois supérieures creusées en dessous s'écroulent, et les débris tombent dans la galerie commencée; l'insecte ne perd pas courage, il revient à sa mine avec plus d'ardeur. Le dégât réparé, le philanthe se retire dans sa cellule jusqu'à ce que d'autres soins l'appellent au dehors. Ordinairement ce n'est pas sans précautions qu'il quitte cette espèce de repaire; la tête au niveau du sol, il examine les objets qui l'entourent; si quelque mouvement extraordinaire se manifeste dans le voisinage, notre insecte regarde un instant

autour de lui, et soudain disparaît en se réfugiant
au fond de la galerie. Quand aucun danger ne s'annonce, il sort de sa retraite ; comme le sphex, il
vit du suc parfumé des fleurs ; comme lui aussi, il
donne naissance à une larve carnassière : c'est avec
des abeilles que le philanthe les nourrira. Tandis
que les laborieux insectes butinent paisiblement
dans quelque prairie, le philanthe plane au-dessus
d'eux, et choisit sa proie. Il fond brusquement sur
elle, et la saisit avec ses pattes pour l'empêcher de fuir.
En vain l'abeille cherche à percer de son aiguillon
l'ennemi qui l'entraîne : celui-ci muni d'une arme
pareille, supérieur par la force et l'adresse, parvient à terrasser l'abeille, malgré sa résistance ; il
la frappe de son dard et vole à sa retraite. Sa cir-
conspection n'est pas moindre à sa rentrée qu'à sa
sortie ; il vole en rond autour de son trou, parais-
sant examiner le terrain d'alentour ; quand rien ne
lui semble à craindre, il pénètre furtivement dans
sa galerie, pour y déposer son butin : l'abeille y vit
plusieurs mois, dans cet état complet de paralysie
que nous avons remarqué plus haut. Comme les
victimes du sphex, elle sert à approvisionner la
demeure d'une jeune larve.

Ainsi tous les animaux, même les plus utiles,
ont leurs ennemis acharnés, irréconciliables, qui
chaque jour en détruisent un grand nombre. Ainsi
une foule d'êtres ne vivent que par la destruction
et la mort des autres. Quel est donc ce lien fatal
qui enchaîne ainsi les existences ? est-ce la Providence qui a établi entre les êtres de semblables
rapports ? Des insensés ont seuls pu en faire un
argument contre la sagesse divine. Il fallait qu'au

milieu de tous les dangers qui menacent la vie des plus frêles créatures, elles eussent pour se conserver un moyen de multiplication rapide. Mais si une seule espèce se multipliait sans obstacle, le globe serait bientôt envahi. Il fallait donc aussi que la multiplication d'une race plus féconde ne pût nuire à celles des autres. Il fallait par conséquent que, sans menacer la vie de l'espèce, le sacrifice de quelques individus la maintînt au rang qui lui est assigné en ce monde. Bien loin de nous scandaliser de quelques troubles partiels, admirons comme le Créateur sait en tirer dans l'ensemble une inaltérable harmonie ; le superflu de la création s'absorbe de lui-même ; l'ordre naît du désordre, la paix naît de la guerre : n'est-ce pas là le chef-d'œuvre de la sagesse qui a disposé toutes les parties de l'immense univers ?

« Je pris un jour quantité de chenilles, dit l'an-
« cien naturaliste Jean Godaërt, et je les nourris
« jusqu'à ce que de leur bon gré, quittant leur
« nourriture, elles se missent à reposer ; au bout
« de quatre jours, j'en observai qui étaient tachées
« de noir moins que les autres, et vis que de
« chaque côté, elles rendaient quantité de petits
« vers ; et chaque ver à l'instant se mit à filer une
« petite maison de soie jaune, commençant par le
« bas et finissant par le haut, et la fermant au-
« dessus de sa tête ; et lorsqu'ils furent enfermés
« dans leur petit travail, pour se défendre contre
« les injures de l'air, on vit venir la mère chenille,
« d'où cette fourmilière de vers était sortie, qui les
« alla joindre les uns aux autres, avec la soie
« qu'elle avait filée, comme avec des liens d'amour.

« La nature les ayant ainsi rapprochés afin qu'ils
« se puissent retrouver aisément après leur méta-
« morphose, et jeter leurs œufs ensemble. Après
« quoi on vit sortir de ces coques de soie jaune, plu-
« sieurs petites mouches qui ne vécurent guère que
« cinq à six jours. »

Telle est la première observation qui a amené bientôt à découvrir les mœurs curieuses des Ichneumons.

FIGURE 18.

Ils sortent, ainsi que l'a remarqué Godaërt, du corps
de certaines chenilles, mais
il n'est pas vrai, comme il
l'a cru, que ces chenilles
soient leurs mères; elles
sont destinées, au con-
traire, à les recevoir malgré
elles dans leur corps pour
les nourrir de leur propre
substance et périr bientôt
épuisées et languissantes
avant de s'être métamor-
phosées elles-mêmes.

*Ichneumon
manifestateur.*

Les Ichneumons sont de
très jolis insectes hyménoptères, de forme
allongée et svelte, à longues antennes souvent roulées gracieusement sur elles-mêmes et presque sans cesse en mouvement.
Leur abdomen est lisse, brillant, diversement colorié, et armé, dans la femelle, d'un
aiguillon formé de trois pièces, qui lui sert
à introduire ses œufs dans les corps étrangers où
ils doivent éclore et se développer.

C'est en général aux insectes à peau molle, aux chenilles en particulier, que les femelles des ichneumons confient leur fatal dépôt. A peine ont-elles choisi leur victime qu'elles fondent sur elle à l'improviste, s'accrochent à ses poils malgré les mouvements de la chenille, lui percent la peau avec leur aiguillon en quarante ou cinquante endroits différents; dans chaque piqûre un petit œuf a été introduit. Cependant la chenille semble bientôt guérie de ses blessures, qui se cicatrisent en peu de temps, et elle se remet à manger comme à l'ordinaire, quoiqu'elle porte en elle un germe de mort. Si les chenilles sont pour nous un fléau, la Providence, sans les faire disparaître du théâtre de la nature où leur place est fixée, a du moins employé les moyens les plus efficaces pour en restreindre le nombre; les ichneumons en détruisent chaque année une quantité prodigieuse, et il est rare de voir plusieurs chenilles à peau rase qui ne soient pour la plupart remplies d'œufs d'ichneumons. Cependant elles ne pouvaient pas être livrées sans défense à leur ennemi; quelques unes, comme celles du machaon et du flambé, font sortir à volonté de leur tête un appendice charnu qui répand une odeur assez forte pour éloigner les petites espèces d'ichneumons. La larve du bombyce vinule fait jaillir par une ouverture placée au-dessus de sa tête une liqueur âcre et caustique dont elle couvre l'agresseur. A l'approche d'un ichneumon, la chrysalide du bombyce disparate, attachée par l'extrémité de son ventre à une sorte de tissu que la chenille a filé avant sa métamorphose, sait imprimer à tout son corps un mouvement de rotation très-rapide;

à peine l'insecte a-t-il fait un certain nombre de tours dans un sens, qu'il revient tout à coup sur lui-même et roule son corps dans le sens opposé, jusqu'à ce que l'ichneumon, las de poursuivre une proie qui lui échappe sans cesse, disparaisse pour recommencer ses recherches.

Quand l'ichneumon a atteint son but, ce qui arrive le plus souvent, la chenille continue à vivre, en général, jusqu'au temps de sa métamorphose; l'existence d'un animal dévoré ainsi à l'intérieur dès que les larves sont écloses, est un véritable prodige. Mais les jeunes ichneumons avaient besoin d'une nourriture toujours vivante; leur instinct les avertit de n'attaquer dans le corps de la chenille que les parties les moins nécessaires à la vie; ils rongent seulement la graisse que la chenille mettait en réserve pour le temps de ses métamorphoses. Mais les adroits parasites ménagent les sources qui fournissent la nourriture de l'animal, nourriture qui tout entière est employée à leur profit; ils n'attaquent pas les organes digestifs de la chenille. Quand ils ont acquis tout leur développement, ils percent la peau de la chenille, sortent tous à la fois, et bientôt l'insecte qui les a nourris meurt dans une sorte de convulsion, au milieu de ces petits vers auxquels il semble avoir donné naissance.

Les larves des Urocères ou Porte-scies sont différentes de toutes les larves d'hyménoptères que nous avons observées jusqu'à présent; ces larves, que l'on appelle fausses chenilles, ont en effet la forme, les habitudes des chenilles; leur corps allongé, leur tête écailleuse avec les parties de la bouche bien distinctes, et leur lèvre inférieure munie de filières, rappelle tout à fait les larves des lépidoptères ; mais elles s'en distinguent par un caractère fort apparent ; elles ont de dix-huit à vingt-quatre pattes, tandis que les véritables chenilles n'en ont que seize au plus, ce qui leur donne une allure toute particulière, et une agilité remarquable ; aussi ne sont-elles pas condamnées à passer la première partie de leur vie enfermées dans une obscure retraite, et n'est-il pas nécessaire que leurs mères rassemblent d'avance autour d'elles les aliments qui leur conviennent. Elles sauront, à peine écloses. chercher elles-mêmes leur nourriture ; le seul soin de leur mère est de mettre ses œufs dans un lieu de sûreté. Nul insecte peut-être n'est mieux organisé pour y réussir.

Afin de pouvoir déposer leurs œufs dans la tige des plantes ou sous l'écorce des arbres, les femelles des urocères sont munies d'un instrument tout particulier, placé, chez certaines espèces, dans une sorte de coulisse ou de rainure pratiquée dans le ventre, quelquefois saillant au dehors. Il est composé d'une pièce dentelée à la manière des scies. et de plusieurs lames qui, en s'appliquant sur la pièce dentelée, lui donnent plus de consistance, et en s'écartant. permettent à l'œuf de glisser dans l'intervalle, et de s'introduire dans la fente qu'elles ont ménagée. Ordinairement l'œuf est enduit d'une humeur caustique et irritante qui produit une tumeur capable d'empêcher que la petite plaie faite au végétal ne se cicatrice.

Pour connaître la manière dont les urocères emploient cet organe, suivons une femelle d'Hylotome, espèce assez commune sur le rosier, assez peu farouche pour se laisser observer sans inquiétude. L'insecte a choisi quelque branche d'églantier, verte et tendre encore pour qu'elle offre moins de résistance à ses efforts. Le voici qui se tourne sur le rameau la tête en bas et qui se cramponne avec les crochets de ses pattes. En même temps il fait sortir de l'extrémité de son abdomen la scie qu'il enfonce dans l'écorce, et qu'il fait agir par un mouvement de va et vient. Il se forme bientôt une petite entaille qui s'élargit à mesure qu'elle s'allonge, parce que les lames qui recouvrent la scie sont garnies, comme une lime, de dents très-fines qui usent l'écorce de part et d'autre. L'entaille faite, notre ouvrière retire à demi la scie, et laisse découler une goutte d'une liqueur corrosive qui attaque aussitôt la tige végétale assez violemment pour faire naître, presque à l'instant, de petites bulles : sans doute cette liqueur sert à brûler la place pour empêcher la réunion des bords, tout en s'opposant à la perte de la séve ; l'hylotome achève de retirer son instrument en déposant un œuf.

Il va ensuite faire une entaille un peu plus bas, en s'y prenant exactement de la même manière ; il en dispose ainsi plusieurs à la file, qui contiennent chacune un œuf; quoique deux de ces entailles aient environ la longueur d'un pouce, l'hylotome en fait ordinairement cinq à six dans une demi-heure.

Si l'on veut connaître le résultat de la ponte de l'insecte, il suffit d'enlever adroitement l'écorce du rosier au-dessus des entailles; plusieurs œufs jaunes, oblongs apparaissent rangés comme les grains d'un chapelet ; la mère, pour les fixer plus solidement, les a fait entrer à demi dans la partie ligneuse de la branche. Quelques heures après la ponte, il faut regarder attentivement pour découvrir sur l'écorce les traces légères des petites fentes qui y sont pratiquées. Mais bientôt la branche se colore de plus en plus et éprouve une boursouflure pareille à celle que produit la greffe à l'écusson, avec laquelle l'industrie de nos insectes semble avoir plusieurs rapports. Cette boursouflure est due au gonflement de l'œuf, et ressemble à une file de grains de rosaire à moitié cachés sous l'écorce ; l'entaille en même temps s'entr'ouvre, et il en sort cette chenille à pattes nombreuses dont nous avons parlé. Ces jeunes larves grimpent aussitôt sur le feuillage du rosier dont elles se nourrissent. Bientôt elles s'enfoncent dans la terre, et s'y construisent une toque d'un tissu mince et transparent, mais solide et formé avec un soin extrême de plusieurs couches soyeuses superposées.

FIGURE 19.

Cynips.

Les Cynips, petite espèce d'hyménoptères au corps ramassé, comme bossu, au corselet voûté, et souvent plus élevé que la tête ; les cynips sont munis, comme les hylotomes, d'une tarière destinée au même usage. Cette tarière n'est formée que d'une seule pièce, roulée en spirale à sa base ; l'extrémité libre est creusée en gouttière et garnie de dents latérales, afin de percer aisément les corps durs, et d'y conduire l'œuf que l'insecte a pondu. Cet instrument extrêmement mince est soutenu par deux lames plus solides, à l'aide desquelles le cynips le dirige aussi bien que le meilleur ouvrier pourrait diriger la mèche d'un vilbrequin. L'insecte, tout en faisant agir sa tarière, distille une liqueur qui doit avoir une vertu toute particulière, si l'on en juge par les effets prodigieux qui suivent son introduction dans la tige d'une plante. Quelque temps après que le cynips a légèrement piqué l'épiderme d'un végétal pour y déposer son œuf, la séve afflue en grande abondance vers la petite plaie ; elle produit des excroissances de forme et de dimension extrêmement variées, appelées galles, qui se développent très-promptement ; car, par suite de l'admirable prévoyance du Créateur, chaque espèce de cynips a choisi, pour y faire sa ponte, la plante dont la végétation se fait avec le plus d'activité, qui par conséquent a le plus de séve, et pourra fournir aux larves des cynips une nourriture plus abondante.

Les galles croissent sur toutes les parties des végétaux. On en voit sur les feuilles, à leur face supérieure ou inférieure, sur les fleurs, et quelquefois dans leurs corolles mêmes. Il en est qui sont suspendues aux pétioles des feuilles, ou à la queue des fruits. Quelques unes naissent avec les bourgeons, d'autres sont fixées aux rameaux, aux branches ou aux troncs. L'arbre de nos climats qui nourrit peut-être le plus grand nombre d'insectes. le chêne, est piqué sur ses diverses parties par des espèces différentes, et on peut trouver plus de vingt galles qui ont chacune leur forme particulière. Le plus souvent ces galles sont arrondies ; elles ressemblent parfois à des fruits, non seulement par la forme, mais par la couleur ; on dirait tantôt une cerise ronde et vermeille collée par hasard sur une feuille de chêne ; tantôt de petites boules colorées et unies par des pédicules, semblent une grappe de groseilles née, par un phénomène, sur une plante qui n'était pas destinée à porter de pareils fruits ; là, vous diriez une tête d'artichaut arrêtée dans sa croissance, un champignon, un bouton de fleurs. Les bédéguars ou galles du rosier, qui sont fort communes sur les branches tendres encore de cet arbrisseau, présentent l'apparence de chevelures mousseuses. Quelquefois ces galles sont isolées et simples, et chacune d'elles ne renferme qu'un œuf : souvent les œufs ont été déposés à côté les uns des autres, dans un certain ordre que chaque espèce observe régulièrement. Alors les galles, en croissant, offrent un nombre de cellules égal à celui des œufs, où chaque larve vivra isolée jusqu'à sa métamorphose, ou bien encore une même tente reçoit tous les jeunes insectes ; ils s'y développent rapidement, en rongeant les parois de leur habitation qui, loin d'en souffrir, croît à l'extérieur dans la même proportion qu'elle diminue au-dedans, la sève s'y épanche sans s'épuiser.

FIGURE 20.

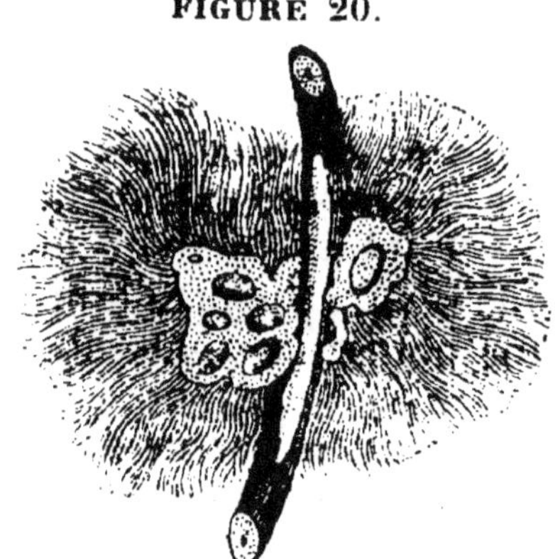

Bédéguar.

est l'arbrisseau fournit toujours une nourriture aussi abondante aux frêles créatures que la Providence lui a confiées.

Dès que les larves ont subi leur première métamorphose et qu'elles ont cessé de manger, la galle qui les a protégées s'épaissit et se durcit pour leur prêter un abri plus sûr encore pendant le temps de leur léthargique sommeil qui dure quelquefois une saison entière. Les cynips passent ainsi l'hiver à l'abri du froid et du besoin, et chaque espèce paraît au printemps dès que la plante qui recevait ses œufs a commencé à croître. Un coup d'aiguillon va donner naissance à une production végétale dont les proportions parfois nous étonnent ; mais ce qui est plus merveilleux encore, c'est que les productions ainsi accidentellement produites, dont la forme semblerait devoir subir mille influences diverses, ne varient cependant jamais pour chaque espèce ; le même phénomène reparait en tout temps, en tout lieu, tant il est vrai qu'il n'est rien de si petit dans la nature qui ne manifeste une intelligence suprême, et que le hasard, auquel on a attribué tant de choses, n'est qu'un mot vide de sens, inventé par l'ignorance ou par l'orgueil.

CHAPITRE V.

HÉMIPTÈRES.

Une des espèces les plus connues de l'ordre des hémiptères est la punaise des lits, cet insecte si incommode par ses piqûres, si repoussant par la mauvaise odeur qu'il répand quand on l'effraie ou qu'on l'écrase; mais près du mal la Providence a toujours placé le remède, et un insecte d'un genre très voisin des punaises est destiné à nous en débarrasser; c'est le Réduve.

FIGURE 21.

Réduve.

Le Réduve, agile dans ses trois états, est constamment occupé à faire la recherche de sa proie; on le trouve souvent dans nos demeures, qu'il doit protéger à sa manière. Le soir, il sort de sa retraite où il s'est caché le jour, et aime à voler autour de la lumière. Mais il ne se met pas ainsi en évidence sans moyen de pourvoir à sa sûreté; il est muni d'une trompe acérée dont la piqûre est presque aussi douloureuse que celle de l'abeille; cette trompe en effet distille un venin qui paralyse instantanément les insectes destinés à faire la nourriture du réduve. C'est une arme qu'il possède aussi bien à l'état de larve et de nymphe qu'à l'état d'insecte parfait. Dans les deux premières phases de sa vie, où il n'a encore acquis ni toute sa force ni toute sa légèreté, il a recours à une ruse fort singulière pour s'emparer de sa proie. Il sait se déguiser d'une manière si étrange qu'au premier aspect il serait impossible de le reconnaître. Il se recouvre de toutes les matières étrangères qu'il peut ramasser autour de lui ; tantôt il colle autour de son corps de la farine, du plâtre, des cheveux, des balayures ; tantôt il choisit des sciures de bois, du fil d'araignée, de la cendre ; et ce vêtement augmente quelquefois de près des deux tiers la grosseur de l'insecte, mais aussi il le met complètement à l'abri. Ce travestissement est surtout un moyen qu'il emploie avec succès pour approcher de sa proie sans en être aperçu ; capable de marcher en tous sens, comme les crabes, le réduve n'a pas plus tôt découvert quelque punaise, qu'il se met en marche, avançant obliquement par bonds et par soubresauts, comme un flocon de laine poussé par le vent ; si la punaise s'inquiète, son ennemi s'arrête, la rassure par son immobilité, puis recommence son manége. Enfin le réduve est à portée ; d'un bond il se lance sur sa victime, la perce de sa redoutable trompe, et suce avidement son cadavre. Du reste, notre insecte n'emploie la ruse qu'autant qu'elle lui est absolument nécessaire ; dès que sa dernière métamorphose, en lui donnant des ailes, l'a mis en état de franchir rapidement les distances, le réduve rejette loin de lui un costume désormais inutile, qui gênerait son vol ; on le voit alors aussi propre, aussi lustré, que naguère il était sale et poudreux.

Le Cercope écumeux, autre espèce d'hémiptères, a reçu, comme le réduve, un excellent moyen pour se dérober à ses ennemis, pendant la période de sa vie où sa faiblesse le livrerait sans défense à toutes les attaques. A l'état de larve et de nymphe, en effet, son corps est d'une mollesse extrême, et son peu d'agilité l'oblige à rester à peu près immobile sur la plante où il a pris naissance Mais alors comment préservera-t-il ses membres délicats des brûlantes ardeurs du soleil? Comment surtout se dérobera-t-il à la vue perçante de cette multitude de petits oiseaux occupés à chercher pour leurs petits une appétissante nourriture? Tous ces dangers, ont été prévus, et la défense est prête; défense d'autant plus admirable qu'elle ne demandera de la part de l'insecte ni soins ni efforts. Le cercope se nourrit en pompant la séve des végétaux ; mais il est organisé de manière que, dans l'acte même de la succion, il laisse écouler une certaine quantité de liqueur, qui s'échappe en produisant des vésicules pareilles à celles que forme l'eau de savon. En un instant le petit animal est entouré d'un liquide abondant qui conserve autour de lui une humidité salutaire, et dont l'aspect, tout à fait semblable à celui d'un flocon d'écume, n'indique en aucune façon la présence d'un animal. Ainsi le cercope passe en sûreté la première partie de sa vie. Après ses métamorphoses, il est devenu un insecte agile et léger, que ses bonds prodigieux mettent en un clin d'œil hors de la portée de ses ennemis.

Un des insectes dont l'homme a tiré le plus grand parti, est certainement la Cochenille, qui fournit aux teinturiers et aux peintres la plus belle couleur écarlate, et qui fait l'objet d'une branche importante de commerce. Le mâle et la femelle de cette espèce paraissent au premier abord des insectes tout différents ; l'un est ailé et fort vif, l'autre est condamnée à la vie la plus sédentaire. Elle fait quelques pas dans sa première jeunesse, choisit la branche d'arbre qui lui fournira une nourriture abondante, y enfonce sa trompe et s'y fixe pour ne s'en plus détacher. Elle grandit dans cet état complet d'immobilité, et devient bientôt semblable à une excroissance végétale, ce qui lui a mérité le nom de Galle-insecte. La vie, du reste si monotone de ce petit animal, présente une des plus touchantes précautions que la Providence ait inspirées à une mère pour protéger ses petits. La cochenille ne peut travailler à bâtir une retraite à ses petits, elle ne sait pas filer ; elle n'a ni mandibules pour tailler l'écorce, ni pattes robustes pour creuser le sol. Que fait-elle? Quand le moment de la ponte est arrivé, elle étend sous elle un petit lit de duvet et dépose ses œufs un à un entre l'écorce ainsi garnie et son propre corps. Son ventre rempli d'œufs était devenu une masse arrondie ; voici qu'il paraît tout à coup aussi mince qu'il était épais; les œufs, en s'introduisant sous l'insecte, soulèvent la peau, et lui font prendre insensiblement la forme d'une calotte qui les recouvre parfaitement. Bientôt la cochenille meurt, son corps desséché continue à servir d'asile à sa famille jusqu'au moment où les jeunes insectes, parvenus à leur développement, quittent le toit maternel qui les recouvre, pour se répandre sur les rameaux voisins.

La cochenille est un insecte étranger qui vit principalement en Afrique sur le nopal ; mais nous avons en France des insectes communs sur les pêchers et sur plusieurs autres arbres, dont les mœurs sont tout à fait analogues, les Kermès.

Les Pucerons sont à peu près semblables au mâle de la cochenille ; ils ont une vie tranquille et sedentaire ; rarement ils s'éloignent de la

FIGURE 22.

Puceron (grossi).

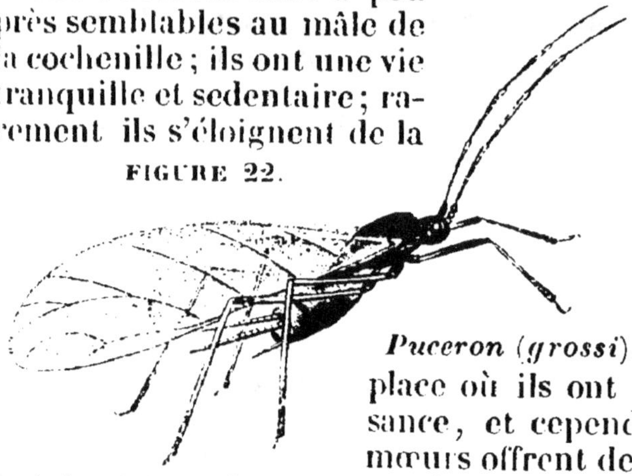

place où ils ont pris naissance, et cependant leurs mœurs offrent des particularités pleines d'intérêt. Il n'est personne qui n'ait remarqué les bandes nombreuses qu'ils forment sur les tiges ou les feuilles d'un grand nombre de plantes ; ils ont tous enfoncé dans l'écorce la pointe de leur suçoir, et absorvent la sève qui s'échappe par la petite plaie qu'ils ont faite. Quand les femelles sont arrivées à leur entier développement, on les voit se promener lourdement au milieu des pucerons, en déposant de temps en temps un petit vivant, qui se met à marcher aussitôt, et va se placer à la suite des autres insectes. Ainsi, des files régulières s'établissent, et se prolongent sur les tiges , à mesure que la femelle donne à la socié-té de nouveaux mem-bres. Quand ces petits animaux habitent sur les feuilles , leur ma-nière de se grouper est tout à fait remar-quable ; ils tournent tous la tête vers un point intérieur, et for-ment ainsi une série de bandes circulaires : chaque puceron , en naissant, a l'instinct de se placer comme ses compagnons, et ja-mais il ne rompt l'or-dre établi. Quand le diamètre du cercle devient trop grand , les pucerons se placent les uns sur les au-tres ; il se forme ainsi quelquefois deux ou trois couches superposées ; les insectes du rang supé-rieur font passer leur trompe entre ceux qui les supportent , et , grâce à longueur de cet in-strument , ils pompent à leur aise les sucs nourri-ciers.

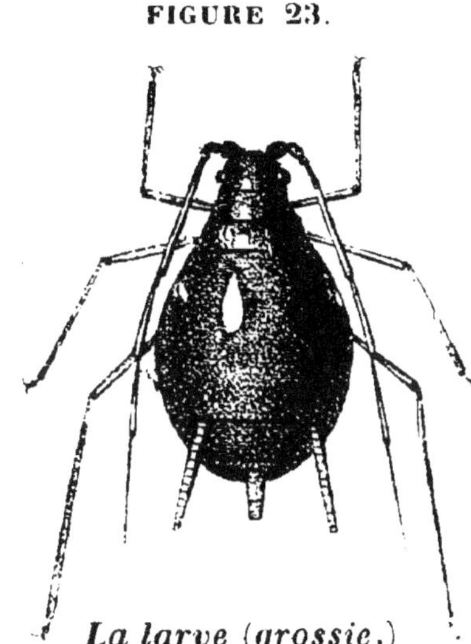

La larve (grossie.)

La propagation du puceron est prodigieusement rapide. Réaumur a fait, à ce sujet, des observations fort curieuses. Un puceron , dit-il , peut produire environ 90 petits ; au bout de deux ou trois se-maines, chacun en aura produit quatre-vingt-dix petits, cette seconde génération sera de 8,100 ; la troisième, par le même calcul, sera de 729,000 : la quatrième , de 65.610.000 : la cinquième fournirait le nombre énorme de 5,904,900,000 pucerons. Quel tort ne ferait pas à nos jardins et à nos champs une pareille multitude d'insectes occupés à sucer la séve des plantes ! Heureusement, la Providence leur a donné beaucoup d'ennemis pour mettre des bornes à cette excessive multiplication. L'un des plus redoutables est la larve de l'Hémerobe, joli insecte névroptère, que l'on a surnommé le lion des Pucerons. Cette larve, en effet, leur fait une guerre mortelle; à peine sortie d'un œuf que sa mère a eu soin de déposer près d'une société de Pucerons, elle les attaque sans crainte; on la voit s'attacher à des pucerons beaucoup plus gros qu'elle, et ne les quitter que quand elle les a sucés complètement.

Lorsqu'elle est près d'atteindre son dernier développement, elle est alors beaucoup plus forte, beaucoup plus grosse que ses ennemis, et en fait un massacre prodigieux; elle les saisit avec une sorte de pince dont elle est armée, les assujettit devant sa bouche, et sans cesse elle est occupée à sucer quelques victimes dont les cadavres desséchés lui servent à se cacher elle-même, pour remplir en paix sa tâche de destruction. Beaucoup d'autres insectes encore sont friands de pucerons, et les recherchent avidement. Cependant cette espèce ne doit pas être sacrifiée; il faut qu'elle subsiste pour tenir sa place dans la nature, où sans doute elle a son utilité, ne servît-elle qu'à nourrir les fourmis avec cette liqueur sucrée qu'elle distille, et qui la rend si précieuse aux industrieuses sociétés dont nous avons déjà esquissé l'histoire.

Les pucerons ont reçu des moyens de défense

aussi variés que les ruses des ennemis qui les poursuivent. Les plaies faites aux plantes par nos petits insectes sont d'un si étroit diamètre qu'on les aperçoit à peine. Cependant leur action, mille fois répétée, produit un écoulement de séve considérable, et par suite des monstruosités bizarres, qui varient suivant l'espèce des pucerons, et les différentes plantes où ils ont fixé leur demeure. La plupart de ceux qui habitent les feuilles se placent à la surface inférieure ; à mesure qu'ils absorbent les sucs de la feuille, elle change sa forme ordinaire; de plane qu'elle était d'abord, elle devient concave; plus les pucerons grossissent, plus la cavité augmente, et ainsi ils se trouvent naturellement placés dans une retraite sûre et commode, où ils peuvent se multiplier à l'aise, sans rien craindre de la pluie, du vent, ou des ardeurs du soleil. Les branches de groseillers et de saules surtout se terminent fréquemment en bouquets de feuilles ainsi recoquillées par suite de la présence des pucerons.

Sur les jeunes pousses du tilleul, où les pucerons sont fort communs, ils ont soin de se ranger en droite ligne, toujours d'un même côté de la branche; les petites piqûres, attirant toute la séve vers le même endroit, forcent la tige à se courber en spirale. Bientôt elle a pris la forme d'un tire-bourre, et c'est à l'intérieur de chaque tour de spirale, que l'on peut trouver les pucerons pressés contre l'écorce. Les feuilles attachées à cette tige se trouvent elles-mêmes rapprochées, et se groupent en touffe épaisse qui achève de mettre nos insectes à l'abri.

Une des altérations les plus remarquables que les pucerons produisent sur les végetaux, est celle que l'on voit très fréquemment au printemps sur les feuilles de l'orme. Si on ouvre les vessies qui s'y trouvent alors, on apercevra un ou plusieurs pucerons fixés contre la paroi intérieure. Une femelle seule fait naître l'excroissance qui abritera sa famille. Elle plonge d'abord sa trompe dans la feuille, et il se forme un petit boursouflement, dans lequel la femelle s'introduit par une ouverture unique, qui se referme bientôt. Elle y produit plusieurs petits qui se mettent à sucer avec elle ; plus ils absorbent et attirent les sucs, plus la cloche où ils sont renfermés s'agrandit ; ainsi elle est toujours proportionnée, et à leur nombre, et à leur grosseur. Cette espèce de pucerons ne nuit guère à l'arbre qui la nourrit, aussi rien ne s'oppose-t-il à sa propagation ; il n'est pas d'ennemi qui puisse la découvrir dans l'intérieur de cette enveloppe végétale sans ouverture, sans issue, qui la recouvre de toutes parts.

Beaucoup de pucerons, dénués de la faculté de développer sur les végétaux des productions du même genre, ont recours à un déguisement pour cacher leur présence. Au printemps, on voit sur des branches de petites masses blanches qui semblent des plumes légères quelquefois d'un pouce de longueur ; ce sont des fils qui croissent naturellement sur le corps des insectes ; les pucerons du peuplier, du chou, sont aussi revêtus d'un duvet cotonneux d'une blancheur éclatante. Le puceron du hêtre est le plus remarquable sous ce rapport ; toute la surface de son corps est hérissée de fils composés de petits grains blancs posés l'un au bout de l'autre, comme il est facile de le voir en examinant les fils avec une loupe. Si l'on enlève à l'insecte son vêtement, il a bientôt réparé sa perte ; les petits grains sortent abondamment de tous ses pores, s'ajoutent, se multiplient, et, dans quelques instants, l'insecte aura toute l'apparence de ces efflorescences blanchâtres qu'on observe à la surface de quelques minéraux exposés à l'humidité.

CHAPITRE VI.

LÉPIDOPTÈRES.

On affecte souvent un superbe mépris pour les Chenilles, on leur voue une haine mortelle, à cause des ravages qu'elles nous causent. On dirait que ces insectes, rebut de la création, devraient

FIGURE 24.

La Chenille.

disparaître du spectacle de la nature qu'elles ne font que souiller ; la Providence n'en a pourtant pas jugé ainsi ; elle s'est plu à départir à ces faibles animaux toutes les plus admirables ressources de l'instinct et de l'industrie : les métiers de fileur, de tailleur, de tisserand, d'architecte, sont familiers à un grand nombre de chenilles ; et c'est parmi elles que se trouve le précieux insecte dont la soie fournit à nos plus riches parures. Avant d'écraser si impitoyablement la chenille qui ronge innocemment le gazon (1), on devrait songer que ce même insecte qui rampe aujourd'hui sur la terre, étalera bientôt aux rayons du soleil ses ailes brillantes d'or et d'azur, et léger papillon fera l'ornement de nos parterres ; avant de reprocher à la Providence de les avoir multipliées dans la nature, on devrait son-

FIGURE 25.

Papillon Paon.

(1) Il est remarquable que le nombre des espèces de chenilles qui attaquent nos arbres fruitiers, est beaucoup moins considérable que le nombre de celles qui se nourrissent des feuilles d'arbres forestiers, du chêne par exemple.

ger aussi que les chenilles sont la nourriture d'une multitude d'oiseaux dont le ramage nous enchante ; si l'on faisait disparaître celles que ces oiseaux portent sans cesse à leur nid , les petits du rossignol, du rouge-gorge, de la fauvette, languiraient peut-être privés de l'aliment délicat et léger qui convient à leur jeune âge.

L'espèce de chenille la plus connue, quoiqu'elle ne soit pas originaire de notre pays, est la chenille du mûrier , Bombyce ou Ver à soie ; c'est en observant ces insectes si communs parmi nous, qu'il est le plus facile d'étudier la manière dont se forme la soie ; toutes les chenilles et plusieurs autres insectes en produisent, mais le Bombyce du mûrier est celui qui donne la plus fine, la plus abondante et la plus belle ; la Providence a fait de ce petit insecte une vraie richesse pour l'homme, et dans les pays méridionaux son éducation est l'objet d'une industrie qui fait vivre des populations entières.

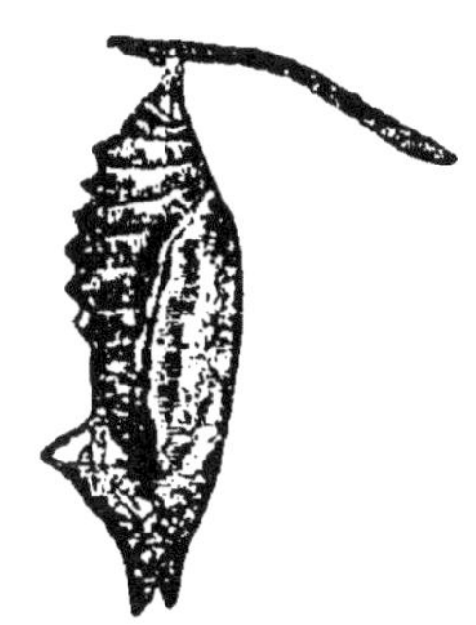

FIGURE 26.

La Chrysalide.

Dans la Chine, au Tonquin, et dans tous les pays où les Vers à soie vivent en plein air, la femelle du Bombyce choisit sur un mûrier quelque endroit convenable pour y déposer ses œufs, et les y attache avec cette glu dont la plupart des insectes sont pourvus pour différents usages. Ces œufs passent ainsi l'automne et l'hiver sans danger ; la manière dont ils sont placés et collés les met à l'abri des rigueurs de la saison. Le petit, confié aux soins d'une Providence tendre et attentive à ses besoins, ne sort point de son œuf avant qu'il n'ait été pourvu à sa subsistance, et que les feuilles du mûrier dont il doit se nourrir ne commencent à sortir de leur bouton. Les feuilles venues, nos Chenilles percent leurs coques, se répandent sur la verdure où elles grossissent peu à peu et posent, au bout de quelque temps, sur le même arbre, leurs coques de soie, qui paraissent comme des pommes d'or au milieu de la verdure qui les entoure. Cette façon de les nourrir est sans doute la plus sûre pour leur santé, et celle qui coûte le moins de peine ; mais l'air inégal de nos climats rendrait cette méthode sujette à des inconvénients sans remède ; les froids qui surviennent souvent après les premières chaleurs, les pluies, les grands vents, les auraient bientôt fait périr. Il faut élever les Vers à soie dans l'intérieur des maisons.

On choisit pour cet usage une chambre aérée, exposée au soleil, garantie du vent par des fenêtres bien closes; on y dispose des claies par différents étages, pour que les Vers à soie puissent s'y promener à l'aise. Quand les petites chenilles sont écloses, on pose quelques tendres feuilles de mûrier sur le linge ou sur le papier où la femelle avait déposé ses œufs; dès qu'elles ont acquis quelque force, on les distribue sur des lits de feuilles étendues le long des claies. Elles s'attachent aux feuilles qu'elles commencent à ronger ; dès lors elles peuvent tirer de leur bouche un fil, qui leur sert à se suspendre au besoin, et à prévenir une chute trop rapide. Tous les matins on leur apporte de nouvelles feuilles, qui doivent être parfaitement sèches, parce que l'humidité est une source de maladies pour les Vers à soie. Il faut veiller à ce que la nourriture ne leur manque jamais, car ces petits animaux, n'ayant que peu de jours à vivre, mettent le temps à profit, et mangent presque continuellement jusqu'à leur dernière mue, après laquelle ils demeurent encore en vie presque aussi longtemps sans manger. Les feuilles de mûrier sont le seul aliment qui leur convienne parfaitement; la nécessité peut les obliger à manger des feuilles de laitue ou de ronce, si le mûrier vient à leur manquer ; mais quand ils sont ainsi nourris quelques jours, leur soie perd beaucoup de sa qualité.

Comme toutes les chenilles, le Ver à soie passe par trois états tout à fait différents ; mais pendant le premier état il subit plusieurs changements notables.

Au sortir de l'œuf, la chenille est d'une petitesse extrême. Elle est noire, et sa tête est brillante comme du jais. Quelques jours après, elle commence à devenir blanchâtre, ou d'un gris cendré : ensuite sa robe se salit et se chiffonne : elle s'en défait et semble habillée de neuf ; elle devient plus grosse et prend une teinte beaucoup plus blanche, mais tirant quelque peu sur le vert, à cause des aliments dont ses intestins sont remplis. Après un petit nombre de jours, qui varie selon le degré de chaleur, et selon la qualité et la quantité de la nourriture, on la voit cesser de manger, et paraître engourdie pendant près de deux jours, puis s'agiter et se tourmenter extrêmement ; sa peau se ride par plis, elle s'en défait une seconde fois, et la jette de côté avec ses pieds ; puis elle se remet à manger. On la prendrait alors pour un autre animal, tant sa tête, sa couleur et toute sa figure se trouvent différentes de ce qu'elles étaient auparavant. Après avoir encore mangé pendant quelques jours, elle retombe dans sa léthargie, au sortir de laquelle elle change de peau une dernière fois. Désormais la chenille ne mangera plus qu'à peine ; devenue blanchâtre de noire qu'elle était en naissant, elle se prépare à utiliser la soie qui se trouve alors en grande quantité dans son corps, pour construire le cocon où elle doit se métamorphoser. L'organe qui sécrète la soie. consiste dans deux longs vaisseaux d'abord très-minces, mais qui s'élargissent ensuite, font plusieurs tours sur eux-mêmes, et viennent enfin aboutir à deux petites ouvertures situées sous la bouche de l'animal ; ces vaisseaux contiennent une gomme de couleur jaune, blanche ou verdâtre, avec laquelle le Ver à soie forme son fil. On peut comparer ces ouvertures aux filières ou lames percées de trous, par lesquelles les orfévres font passer, pour les diminuer et les réduire en fils d'une finesse extrême, des baguettes d'or ou d'argent. Le Ver à soie fait sortir par ces ouvertures deux gouttes de gomme encore liquide. Ce sont là comme deux quenouilles qui fournissent continuellement la matière dont il fait son fil ; il attache ces deux gouttes sur un corps solide, écarte ensuite la tête, et se laisse tomber. La gomme en même temps s'allonge en un double fil, qui perd tout à coup la fluidité de la liqueur dont il est formé, et acquiert la consistance nécessaire pour soutenir au besoin la larve dès à présent, puis l'envelopper quand

il en sera temps. Jamais le Ver à soie ne se trompe
dans l'évaluation de l'ouverture plus ou moins
grande qu'il faut donner à ses filières, et de l'épaisseur que doit avoir le fil ; il lui donne toujours une
force proportionnée au poids de son corps. Avant
que la gomme soit tout à fait sèche, il assemble les
deux fils en un seul, et les colle solidement ;
lorsque le moment de faire sa coque est venu, on
le voit mettre en jeu ses pattes de devant avec une
activité extrême pour attacher la soie tantôt à un
endroit, tantôt à un autre.

L'insecte, averti par son instinct que le temps de
sa métaphormose est venu, cherche un lieu où
il puisse travailler à la construction de sa loge, sans
être interrompu. On a soin alors de donner à ceux
que l'on élève quelques rameaux ou cornets
de papier. L'insecte choisit la place qui lui convient, et porte sa tête sur différents endroits, pour
attacher des fils de tous côtés. Ce premier travail
forme cette masse irrégulière de soie qui entoure
le cocon, et que l'on appelle bourre ; bientôt la chenille commence, avec une soie plus belle et plus fine,
à former le cocon lui-même en entrecroisant les fils
avec soin, de manière à en faire un tissu très serré
et circulaire. Enfin, à l'intérieur, il place une dernière couche de soie collée et mastiquée avec de la
gomme, de manière à être tout à fait impénétrable à l'eau et à l'air. Quelque temps après, la
chenille est devenue une nymphe que sa forme fait
aussi appeler fève ; cache son enveloppe extérieure
avec ses antennes, ses ailes et ses pattes. Il ne s'agit
plus pour l'insecte que de sortir de l'espèce de prison où il est retenu. Une double muraille l'envi-

ronne : a-t-il donc une scie ou une tarière assez
forte pour la percer ou la briser? Non ; mais celui
qui apprend à la chenille à se construire un lieu
de repos, où les membres délicats du jeune animal
puissent se former sans obstacle, ne l'y laissera
sans doute pas périr: il lui apprend aussi à pratiquer une porte, par laquelle il pourra prendre son
essor. Le cocon est de la forme à peu près d'un
œuf de pigeon ; vers l'extrémité la plus pointue,
l'insecte ne croise pas ses fils, il n'y applique pas
de colle comme il fait sur tout le reste, il a aussi la
précaution de ne jamais poser la pointe de sa coque
auprès d'un corps qui puisse lui faire obstacle
au moment de sa sortie ; et en se métamorpho-
sant, il a toujours la tête tournée de ce même
côté. A peine arrivé à son dernier état, il appuie
fortement sa tête contre la pointe du cocon, il l'humecte avec une liqueur particulière, les fils s'écartent assez facilement, et le papillon sort du tom-
beau où il a laissé son ancienne dépouille.

C'est alors que la femelle pond ses œufs, et meurt
bientôt après. Quand on veut tirer parti du cocon,
pour empêcher qu'il ne soit gâté par la sortie de l'insecte, il faut faire périr, en les exposant à une
forte chaleur, les chrysalides qui y sont contenues :
on peut ensuite dévider la soie dont chaque cocon
fournit environ trois cents mètres, qui pèsent à
peine deux grains et demi. Cette soie est si fine en
effet, qu'elle est, comparativement au fil façonné
par la plus habile fileuse, ce que ce fil serait par
rapport à une corde.

Sans avoir cette industrie du Ver à soie, aussi
utile à l'homme qu'à l'insecte lui-même, beaucoup

de Chenilles sont également remarquables par les moyens que la Providence a mis à leur disposition pour protéger leur frêle existence. Au printemps, rien n'est plus facile que d'observer à loisir leurs curieux travaux. On remarque alors, dans les jardins et dans les bois, un grand nombre de feuilles tantôt simplement courbées, tantôt pliées en deux, tantôt roulées plusieurs fois sur elles-mêmes, quelquefois rassemblées en paquet, présentant l'aspect d'étuis, de cornets, de cartes à demi roulées, de tuyaux plus ou moins épais; en les ouvrant avec précaution, on y trouve presque toujours une Chenille. C'est en effet l'un de ces insectes qui, sans autres instruments que ses pattes et ses filières, a exécuté ces travaux si délicats et si variés.

Une petite Chenille nommée Rouleuse à cause de la nature de son industrie, se choisit une feuille dont la légère courbure convienne à ses desseins. Elle se place vers l'extrémité de la feuille, en dessous, et se met à l'ouvrage. On la voit alors décrire avec sa tête des arcs de cercle en sens opposés, comme feraient les oscillations d'un pendule. Chaque fois elle applique sa tête le plus près possible du bord de la feuille, puis elle va la porter le plus loin qu'elle peut, du côté des nervures principales. A chaque mouvement elle a collé un fil, et déjà la multitude de ces petits câbles, qui tous tendent à imprimer à la feuille une certaine courbure, a commencé à la plier d'une manière sensible. Bientôt la chenille va commencer le même manége un peu plus loin du bord, exerçant toujours une traction à chaque mouvement de tête ; la partie de la feuille qui est entre les deux tissus, se courbe davantage : un troisième système de cordages achève le premier tour du rouleau. Un second, un troisième tour sont obtenus de même, s'il est nécessaire. Quelquefois la Chenille s'est attaquée à une grosse feuille de chêne, par exemple, dont les nervures et surtout celle du milieu, résisteraient à tous les efforts de l'insecte pour la courber. Notre ouvrière sait la rendre souple à son gré; elle ronge, à intervalles convenables, la nervure rebelle, lui donne une épaisseur égale à celle de la feuille, et son travail se continue sans obstacle.

Il ne suffit pas que le rouleau soit solide et commode, la Chenille ne croit pas son ouvrage complet tant qu'il y reste quelque choquante irrégularité : si une dentelure de la feuille déborde, elle la coupe avec ses mandibules, ou bien elle sait la plier de manière à ce qu'elle se confonde avec la paroi des rouleaux. La Chenille n'épargne rien pour se mettre en sûreté dans sa demeure ; elle tend aux deux bouts plusieurs fils croisés, assez écartés pour lui laisser le passage, assez serrés cependant pour arrêter la plupart de ses ennemis. Alors elle se tient constamment enfermée dans sa cellule, qui lui fournit la nourriture en même temps que le couvert ; elle en ronge successivement toutes les parois, et quand la provision est épuisée, elle s'en va sur une autre feuille exercer de nouveau son industrie.

Une des plus petites Rouleuses, qui habite sur l'oseille, donne à sa cellule une position tout à fait extraordinaire. Elle sait dresser son rouleau, et le placer perpendiculairement sur la feuille comme une pyramide. Elle commence par tracer sur la feuille d'oseille une bande parallèle à la nervure longitudinale ; la plus grande largeur de cette bande formera la hauteur du rouleau ; la longueur fournira à tous les tours qui doivent épaissir et consolider la paroi ; puis, avant de la détacher entièrement, elle travaille à la contourner et à la dresser tout à la fois. Elle attache ses fils d'un bout à l'extrémité de la bande, de l'autre à la surface de la feuille, et oblige la portion mobile à se courber, en chargeant les fils de tout le poids de son corps ; une nouvelle série de fils maintient la courbure ; la bande cependant continue à se détacher, et se roule en même temps par l'effet des tractions obliques qui lui sont imprimées. Le rouleau se dresse à mesure qu'il se roule ; plus il a de tours, plus il approche de la position perpendiculaire ; en attendant, des fils nombreux le soutiennent comme des câbles, et l'empêchent de retomber. Enfin, pour achever de le fixer dans la position qu'il doit occuper, la Chenille y pénètre, le frappe à coups de tête pour le relever entièrement, et ne cesse son travail que lorsque sa pyramide forme un angle parfaitement droit avec le plan de la feuille.

Les Chenilles Plieuses se donnent une tâche plus facile ; au lieu de rouler la feuille plusieurs fois sur elle-même, elles se contentent de la courber de manière à appliquer l'une sur l'autre les deux portions de la surface pour se pratiquer un abri dans l'intervalle. Elles se trouvent alors enfermées dans une espèce de boîte plate, qui leur laisse un espace petit, il est vrai, mais toujours proportionné à leur taille ; elles ne laissent sur les côtés de la boîte que des ouvertures à peine sensibles, pour faire circuler l'air, car elles-mêmes n'en sortiront pas avant de changer d'état ; il faut donc que leur cellule leur fournisse , toute leur vie, le lit aussi bien que la nourriture ; aussi, plus économes que les rouleuses, qui détruisent leurs rouleaux pour en former de nouveaux, nos plieuses n'attaquent jamais la membrane de la feuille : elles se contentent d'en ronger la partie épaisse et charnue ; le reste devient bientôt transparent comme une gaze et conserve toutes ses nervures, que la Chenille épargne toujours : on ne remarque aucun trou, aucune déchirure à la surface de la boîte , tant que l'insecte y demeure.

Les Chenilles Lieuses sont celles qui unissent ensemble plusieurs feuilles , pour se ménager dans leur retraite une abondante nourriture. Les paquets les plus artistement faits sont ceux qu'une petite chenille brune et blanche exécute sur l'osier. Les feuilles longues et étroites de cet arbrisseau, serrées les unes contre les autres à l'extrémité des rameaux, se prêtent aux efforts de l'insecte, qui parvient à les attacher parallèlement en dévidant autour d'elle, depuis la queue jusqu'à la pointe, un long écheveau de soie. Ne craignez point que le bourgeon qui termine la tige n'augmente en se développant l'étendue du paquet, et ne rompe les fils qui l'entourent : la Chenille a eu soin de le ronger entièrement en commençant son ouvrage ; dès lors elle peut manger à son aise les autres feuilles sans craindre pour la durée de son œuvre.

Cachées dans l'intérieur de leurs retraites, ces Chenilles y vivent et se métamorphosent en sûreté. Beaucoup d'autres Chenilles n'ont pas les mêmes ressources pour échapper à leurs ennemis ; mais la Providence ne les a pas abandonnées sans défense, et la ruse supplée à l'art qui leur manque.

Les Chenilles arpenteuses en fournissent la preuve: sans industrie particulière, elles ont pourtant plusieurs moyens d'échapper à leurs ennemis. Les Arpenteuses, ainsi nommées parce que, privées de pattes intermédiaires, elles avancent sur les branches en rapprochant à chaque pas l'extrémité postérieure et l'extrémité antérieure de leur corps, et semblent mesurer la distance qu'elles parcourent, sont en général de couleur d'écorce ; au moindre danger elles se raidissent avec force en ne se tenant à la branche que par les pattes de derrière. Leur corps forme un angle avec la tige qui le soutient, et prend tout à fait l'apparence d'un petit rameau tronqué. Quand ce moyen ne leur paraît pas assez sûr, elles se laissent tomber, fussent-elles à la cime d'un arbre : vous croyez qu'elles vont se briser en atteignant à terre. Il n'en est rien, et l'on est fort étonné de les voir s'arrêter tout à coup au milieu de leur chute, et rester suspendues au sein de l'air. C'est qu'elles sont retenues par un fil presque imperceptible, qu'elles ont toujours soin de fixer à la branche sur laquelle elles se tiennent. Elles laissent ce fil s'allonger en tombant, pour adoucir la violence de leur chute, ou si elles ne veulent pas descendre jusqu'à terre, elles ferment leur filière, la corde cesse de s'allonger, et les retient aussitôt. Ce fil, qui a servi à notre insecte pour descendre de l'arbre, lui sert aussi pour remonter. La Chenille saisit alors le fil entre ses dents, le plus haut qu'elle peut atteindre, ramène ses pattes à la hauteur de sa tête, en rapportant avec elle toute la quantité de fil qu'elle a dévidée, et se redresse pour saisir son échelle de corde, quelques degrés plus haut : ce manége s'exécute très-rapidement, et en quelques instants l'Arpenteuse est arrivée au point d'où elle s'était laissée tomber. Une des plus grosses Chenilles, celle du Cossus, se creuse des trous dans les arbres qu'elle perce avec ses mandibules : si elle travaillait à découvert, sa grande taille la ferait aisément apercevoir sur l'écorce nue; que fait-elle? Elle file derrière elle une toile solide, entremêlée de sciures de bois, assez serrée pour faire peu de saillie sur le bois qui la supporte, et par conséquent pour échapper aisément aux regards : cette toile a encore un autre avantage pour la Chenille; pendant qu'elle travaille à entamer le bois, elle lui fournit un point d'appui souvent fort utile, quand la dureté de l'arbre oppose à ses efforts une grande résistance.

Ce n'est pas seulement sur les arbres et en plein air que les Chenilles exercent leur industrie. Plusieurs vivent dans les mares et les étangs, où elles trouvent moyen de se faire une retraite que l'eau n'envahit jamais. On voit souvent sur les feuilles de plusieurs plantes aquatiques une élévation de figure ovale, formée par un morceau de feuille que retiennent des liens de soie. C'est la demeure d'une petite chenille qui vit au sein des eaux dans une cavité pleine d'air; sa tête peut sortir de cette cavité, et y rentrer sans donner entrée à l'eau, comme un bouchon remplit exactement l'ouverture qui lui a livré passage. Quand l'insecte se retire tout entier au fond de la coque, les bords en sont ramenés l'un sur l'autre par leur propre ressort, et la coque se referme hermétiquement. Ainsi il peut toujours respirer librement, dans l'humide élément qui l'entoure, jusqu'au moment où, transformé en papillon, il s'en échappe pour n'y rentrer jamais. Une Chenille habitante des étangs, n'a pas l'art de se faire ainsi une coque imperméable ; mais elle a reçu un organe particulier qui remplit le même but. Son corps est garni de poils creux, qui lui servent de branchies pour respirer dans l'eau ; elle y vit, s'y promène sans danger, et se métamorphose, quelquefois à une grande profondeur : changé en papillon, l'insecte s'élève à la surface par sa propre légèreté, gagne quelque feuille où il se laisse sécher, et s'élance dans les airs.

Le plus souvent les Chenilles provenues des œufs d'un même papillon se séparent presque en naissant, et vont pourvoir isolément à leur subsistance ; il en est au contraire qui continuent de vivre ensemble et forment des sociétés de plusieurs centaines d'individus, où règnent le plus grand ordre et la plus grande union.

Les Chenilles communes, si connues par les dégâts qu'elles causent à nos arbres fruitiers, commencent à filer quelques moments après leur naissance. Elles se construisent toutes ensemble un nid qui doit leur servir de retraite pendant la nuit, le mauvais temps et surtout l'hiver. Ce nid a l'aspect d'un gros paquet de soie blanche et de feuilles ; il ne paraît pas construit avec beaucoup de régularité ; cependant il remplit bien l'objet auquel il est destiné. Il est composé de plusieurs enceintes de toiles qui forment autant d'appartements distincts. Chaque enceinte a ses portes disposées de manière à établir des communications faciles entre toutes les parties de la demeure. Les toiles, garnies de parcelles de feuilles, sont assez épaisses pour ne jamais laisser pénétrer la pluie; l'eau glisse sur le tissu soyeux dont toutes les ouvertures sont situées à la partie inférieure. Au printemps, la croissance des nouvelles feuilles pourrait déranger le nid : les Chenilles sont prévenues de ce danger par leur merveilleux instinct; elles rongent les bourgeons dès qu'ils grossissent, et dès lors elles peuvent être tranquilles sur la durée de leur habitation.

Nos Chenilles ne paraissent pas soumises à une discipline très exacte, cependant le désordre ne trouble jamais leur république; la liberté y règne avec la paix. Pendant les beaux jours on peut les voir sortir tranquillement de tous côtés par leurs petites portes, pour venir jouir au dehors de l'air et du soleil; quelques unes se reposent sur le nid même, plusieurs prolongent leur promenade, mais rarement elles quittent la branche qui porte le nid : quand elles se rencontrent, elles se touchent amicalement la tête, comme les fourmis se caressent de leurs antennes, et la plupart du temps elles se réunissent pour prendre leur nourriture, s'établissant à cet effet, et de la meilleure intelligence, sur une même feuille. Elles ne manquent jamais de rentrer dans la demeure commune, quand la fraîcheur du soir se fait sentir, ou quand le mauvais temps s'annonce par quelques gouttes de pluie. C'est une retraite hospitalière ouverte à toutes au moment du danger.

Les sociétés des Chenilles appelées Processionnaires sont plus régulières et plus curieuses encore à observer. Les jeunes larves écloses sur l'écorce des chênes où le papillon femelle a déposé ses œufs, filent de concert une toile qui doit les abriter toutes ensemble. Cette toile forme une sorte de tente divisée en compartiments à l'intérieur et d'un tissu tout à fait imperméable. Elle est ordinairement d'un grand volume, car elle doit servir d'abri à six ou sept cents Chenilles, et cependant il faut la chercher avec quelque attention pour l'apercevoir sur l'écorce des chênes ; car elle se confond avec les inégalités de l'écorce ; la soie grisâtre qui la recouvre imite la couleur des lichens, dont les troncs de chêne sont souvent garnis. Les larves changent plusieurs fois d'établissement pendant la durée de leur croissance : ce n'est que peu de temps avant leur métamorphose qu'elles se construisent une demeure pour ne la plus quitter. C'est le soir qu'elles sortent de leur nid pour aller chercher leur nourriture. Leur marche nous donne l'explication du nom singulier qu'elles ont reçu. Une Chenille seule sort la première, et explore le terrain ; dès qu'elle s'est mise en marche, les autres Chenilles sortent une à une, et se mettent à sa suite. La Chenille conductrice reste toujours seule à la tête, les autres sont ordinairement trois ou quatre de front : elles s'avancent d'un pas uniforme et dans l'ordre le plus parfait ; aucune ne s'efforce de devancer les autres, mais aussi aucune ne reste en arrière dans l'intérieur de la file. La conductrice détermine toutes les évolutions de la troupe ; si elle s'arrête, tout s'arrête ; marche-t-elle, on se remet en route ; quand elle fait un coude dans sa marche, toutes les Chenilles, fussent-elles sur une ligne de vingt ou trente pieds de long, suivent la même sinuosité; jamais une seule ne cherche à abréger le chemin en prenant une route plus directe; elles semblent toutes attachées invariablement sur les pas de leur guide, on dirait qu'elles craignent de s'en séparer : c'est que la Providence, qui les a destinées à vivre ensemble, leur apprend à toutes, que leur union est la plus sûre garantie de leur conservation et de leur bien-être.

Quand on observe ces Chenilles dans leur marche singulière, il faut avoir soin de ne pas les toucher avec les doigts, car les poils dont leur peau est garnie se détachent facilement; ils sont si fins et si fragiles qu'ils pénètrent aisément dans les pores de la peau, et y causent une douleur presque aussi vive que celle des piqûres d'orties. Tel est le principal moyen de défense de nos insectes pendant leurs excursions qui souvent se prolongent fort loin. C'est la Chenille conductrice qui fixe le lieu où la bande entière prendra sa nourriture; elle s'arrête sur une branche bien garnie, l'armée rompt ses rangs, mais les Chenilles ne se séparent pas plus que dans la marche, elles se réunissent sur les mêmes feuilles, et s'y pressent quelquefois tellement que leurs corps se touchent dans toute leur longueur.

Le repas est terminé, et le chef donne le signal du retour ; mais nos Chenilles se sont écartées dans la forêt; comment retrouveront-elles leur demeure, parmi ces milliers d'arbres qui les entourent. La vue ne pourrait les diriger dans leur marche au milieu de ces labyrinthes, et pourtant elles sauront regagner leur route à coup sûr sans s'égarer un seul instant; la Providence leur apprend à marquer leur chemin ; tout incapables qu'elles sont de nos raisonnements et de nos calculs, c'est en satisfaisant à des besoins irréfléchis, qu'elles atteignent invariablement le but que la sagesse divine s'est proposé. Elles filent continuellement pour se débarrasser de la matière soyeuse que leurs intestins renferment, et c'est ainsi que sans y songer elles assurent leur marche : tous les chemins qui aboutissent à leurs nids sont couverts de fils de oue, formant des traces d'un blanc lustré, qui ont va moins deux ou trois lignes de largeur. En suisant exactement ces traces, ce qu'elles ne manquent jamais de faire, elles regagneront leur gîte, quand elles auraient fait mille détours pour s'en éloigner. Voulez-vous jeter nos Processionnaires dans le plus grand embarras? interrompez la bande soyeuse ; aussitôt vous les verrez s'arrêter inquiètes, indécises, comme si un abîme s'était ouvert devant elles. Leur marche sera suspendue, jusqu'à ce qu'une chenille plus hardie ou plus impatiente que les autres ait franchi le redoutable intervalle et retrouvé la soie ; le fil qu'elle tend en passant sert à guider les autres ; chacune à son tour y joint un nouveau fil, et bientôt la brèche est entièrement réparée. La demeure où les Processionnaires doivent subir leurs métamorphoses, est plus solide et plus régulière que les tentes qu'elles ont faites auparavant, pour les abandonner bientôt. Le moment arrivé, nos Chenilles se retirent toutes ensemble sous le toit protecteur, et chacune se construit à l'intérieur une coque particulière autour de laquelle elle fixe ses poils ; un grand nombre se dispersent sous l'enveloppe commune ; aussi ces nids sont-ils beaucoup plus dangereux encore à toucher que les Chenilles mêmes. Pour peu qu'on y pratique une ouverture, les poils voltigent en l'air, s'attachent aux bras et au visage de l'imprudent observateur, et lui causent des démangeaisons tellement fortes qu'elles produisent une sorte d'érysipèle. Ainsi protégées, les chrysalides redoutent peu d'ennemis.

Les mœurs de la Chenille à Livrée ont quelque rapport avec celles des Processionnaires. Cette Chenille, qui doit son nom à sa robe variée de plusieurs couleurs, est très-commune dans nos vergers. On croirait que la femelle est instruite des recherches auxquelles ses œufs seront exposés, car elle prend un soin tout particulier de les placer autour de l'écorce des arbres de manière à ce qu'ils échappent aux regards. Les petites Chenilles frêles et délicates tissent en naissant une toile légère autour de quelques feuilles ; elles les rongent les premières, et, la provision finie, elles vont planter leur tente ailleurs pour manger encore à l'abri. Pendant la nuit, elles sont toutes réunies sous la toile ; elles en sortent le jour pour aller en quête de leur nourriture. Leur marche est, comme celle des précédentes, une sorte de procession, mais qui n'est pas à beaucoup près aussi régulière ; leurs files ne sont pas toujours continues, et les rangs sont souvent inégaux. Quelquefois, au milieu de la marche, quelques Chenilles font halte, se reposent en chemin, ou retournent à leur nid, qu'elles retrouvent par le même moyen que les Processionnaires. C'est un charmant spectacle que de voir les traces de soie formées en tout sens par les évolutions des

Chenilles ; à quelque distance , elles semblent des rubans d'or et d'argent , magnifiques tapis qui ne sont pourtant destinés qu'à être foulés sous les pieds des insectes. On y voit souvent passer de petits détachements partis du nid habité par la société ; ce sont des éclaireurs envoyés pour reconnaître le terrain , et découvrir quelque branche garnie de feuilles fraîches et tendres, où la famille trouvera une abondante nourriture. Pendant l'automne, on voit , sur les touffes d'herbe des prairies , des toiles blanches que l'on prend communément pour des toiles d'araignées ; elles ne sont cependant pas destinées à attraper quelque imprudent moucheron , ni à cacher un perfide ennemi. Elles sont l'ouvrage d'une espèce de Chenilles qui, à l'exemple des Livrées , aiment à manger à l'abri , et à se loger en commun ; ces Chenilles passent la mauvaise saison à l'état de larves. Avant que les premiers froids ne s'annoncent, leur instinct les avertit qu'il faut prendre des précautions nouvelles ; elles tissent , sous leurs tentes , plusieurs bourses épaisses et chaudes ; c'est là qu'elles se retirent, roulées en boule et pressées les unes contre les autres. Les Livrées sont plus sociables que la plupart des autres espèces ; on voit souvent plusieurs familles se réunir pour travailler ensemble à la construction du nid ; cependant toutes se séparent avant la métamorphose , et elles s'en vont isolément, au milieu du printemps , chercher une retraite cachée pour y construire leurs cocons.

Une espèce de Chenilles, habitantes de l'aubépine et du prunier sauvage, offrent dans leurs habitudes une régularité remarquable. Après avoir établi sur quelque branche un nid d'une belle soie blanche, mais beaucoup plus grand que celui des Chenilles communes, elles tracent ordinairement, avec de la soie, deux chemins aboutissant aux ouvertures du nid, et par lesquels toutes doivent passer quand elles quittent l'habitation ; les heures des repas, des promenades, sont à peu près fixées, et il est rare d'en voir quelques unes errer aux environs du nid, quand le moment du repos est arrivé.

Quelque temps avant que nos Chenilles ne soient écloses, on trouve, sur les arbres qu'elles doivent habiter, de petits amas d'œufs d'une forme singulière ; ils ressemblent à de petites pyramides élevées sur leurs bases, et quand on les regarde à la loupe, on voit que la surface de la pyramide est garnie de sept couches qui, émanant d'un point central, paraissent une étoile à sept rayons. Ces œufs, jaunes d'abord, brunissent bientôt, et l'on voit apparaître la tête de la petite chenille qui y est renfermée, et qui n'est pas plus tôt dégagée qu'elle ronge la coque dont elle vient de sortir, et attaque même celle des œufs qui ne sont pas encore ouverts. La sagesse divine, qui guide toutes les actions des êtres sans raison qu'elle a fait naître, tourne ici l'avidité des petites Chenilles au profit de leurs compagnes. Les œufs entamés par celles qui sont nées les premières, éclosent plus vite et plus facilement. Toute la famille se met alors à l'ouvrage ; chaque Chenille attache quelques fils, d'un côté, au pédicule et aux bords de la feuille où étaient déposés les œufs, et, de l'autre, au rameau qui la soutient. Bientôt la feuille, entourée de fils de tous côtés, est tellement assujétie, que le plus grand vent ne saurait la détacher du rameau ; les petites Chenilles qui ont commencé à ronger le parenchyme continuent à y prendre leur nourriture en toute sécurité : elles s'établissent près des pédicules, se rangent sur une ligne droite ou courbe, et s'avancent peu à peu comme en ordre de bataille, rongeant toute la partie supérieure de la feuille, et ne laissant derrière elles qu'une membrane mince et desséchée. Elles attaquent successivement un grand nombre de feuilles ; celles qu'elles occupaient au moment de l'hiver sont garnies de soie avec plus de soin, et servent de nid pour passer la mauvaise saison. En ouvrant ces nids, on découvre un phénomène étrange : les Chenilles ont disparu, il n'y a plus que des petites coques de soie blanchâtre, adossées les unes contre les autres, et distribuées par paquets dans l'intérieur du nid ; mais, dans ces coques, il n'y a pas de chrysalides, ce sont les chenilles qui y demeurent à leur état de larve, pour être mieux à l'abri des rigueurs de la saison. Au printemps, elles brisent leurs coques, et reparaissent au dehors pour prendre encore quelque temps de la nourriture ; elles ne rentrent plus dans leur habitation, que pour se mettre à l'abri des mauvais temps, et alors elles s'y tiennent rangées dans un ordre tel que toutes leurs têtes sont tournées vers le même endroit. Le nid, quelque séjour qu'y fassent les Chenilles, est toujours parfaitement propre ; ordinairement il s'y trouve une sorte de petit sac où sont déposées toutes les ordures.

Une espèce de Chenille, assez commune sur les arbres fruitiers, fournit un exemple remarquable de délicatesse et de recherche. Ces Chenilles, d'un blanc jaunâtre, se tiennent dans des espèces de hamacs ou de lits suspendus, qu'elles se construisent avec beaucoup d'art, et où elles doivent, non seulement se reposer, mais encore prendre leurs repas. Il semble que tout mouvement les fatigue, tant elles ont soin de mettre à leur portée tout ce qui leur est nécessaire, tant elles évitent tout ce qui pourrait leur causer quelque peine et quelque dérangement. Elles **ont** disposé leur nid autour d'un bouquet de feuilles tendres ; elles n'en rongent que le parenchyme, et encore leur peau molle et délicate ne touche-t-elle jamais la feuille qu'elles rongent. Étendues nonchalamment au fond de leurs hamacs, elles n'en font sortir que leur tête, pour atteindre la portion de feuille la plus voisine. Les hamacs sont pour ainsi dire moulés sur le corps de l'insecte ; si on touche le nid, on voit toutes les Chenilles, inquiètes et alarmées, se mouvoir avec rapidité en avant et en arrière, mais elles ne sauraient faire aucun mouvement ni à droite ni à gauche, à cause des fils multipliés qui les entourent. Quand la tige renfermée dans le nid est épuisée, mais seulement dans ce cas, nos insectes sortent de leur hamac, et vont commencer, le plus près possible, une autre construction. Chose digne de remarque, et qui prouve toute la puissance de cet instinct social que la Providence a donné aux animaux destinés à vivre ensemble ; nos Chenilles, tout à l'heure si indolentes et si paresseuses, se mettent avec ardeur à l'ouvrage ; chacune fournit un grand nombre de fils, et jamais, avant que la demeure commune ne soit entièrement achevée, on n'en voit une seule chercher le repos dans son hamac quand ses compagnes travaillent encore.

Plusieurs petites larves de Lépidoptères ont une industrie qui se rapproche un peu de celle de la Chenille à hamac, mais qui est beaucoup plus perfectionnée ; pour recouvrir leur corps délicat, elles se font un fourreau doux et épais, qu'elles savent rendre mobile, et transporter partout avec elles, comme le limaçon porte sa coquille, ou plus exactement comme la Phrigane, dont nous avons déjà étudié l'histoire, promène avec elle sa demeure au fond des eaux ; les Cheniles les plus habiles dans cet art sont celles des Galeries et des Teignes.

Les Galeries sont de petits papillons d'un gris argenté qui doivent leur nom aux galeries que leurs larves se pratiquent dans l'intérieur des ruches. Nous avons vu de quelle arme redoutable les abeilles sont pourvues, combien est fatale la blessure que fait leur aiguillon ; nous avons vu que des animaux, d'une taille énorme comparativement à la leur, succombent infailliblement, s'ils tentent de s'introduire dans leur demeure ; et pourtant, le plus redoutable des ennemis de l'abeille, est une faible chenille ; une larve désarmée peut causer de tels ravages dans l'intérieur d'une ruche, qu'elle oblige les abeilles à lui céder le terrain, et à chercher un autre gîte ; c'est que cette larve, destinée à vivre au milieu de plusieurs milliers d'insectes plus forts qu'elle et acharnés à sa perte, a reçu de la Providence un excellent moyen pour se mettre à l'abri, et surtout un admirable instinct des dangers qui l'entourent.

11.

Une femelle de Galerie a déposé ses œufs sur quelque rayon de cire ; peut-être le papillon sans défense a-t-il été découvert et percé de mille coups d'aiguillons ; peu importe, les œufs éclosent, et les petites larves, avant d'avoir été aperçues, se sont déjà glissées dans quelque recoin, où elles se hâtent de filer un tuyau proportionné à leur grosseur. Ce tuyau est l'origine d'une longue galerie qu'elles vont prolonger sans cesse, pour prendre leur nourriture sans jamais en sortir ; elles savent qu'au dehors, une mort certaine les attend ; leur tête est armée de plaques écailleuses et robustes, à l'aide desquelles elles entaillent la cire, percent les alvéoles, en mangent une partie, et découpent le reste en petites plaques arrondies qui s'amoncellent au bout de leur galerie. Bientôt elles vont en faire usage. Le tuyau de soie qu'elles habitent d'abord, ne serait guère capable de résister au dard des abeilles, et la pointe meurtrière atteindrait la Chenille en vain cachée derrière son impuissant rempart ; il s'agit donc de fortifier les parois de la galerie, dès qu'elle a atteint une dimension assez considérable pour attirer l'attention des abeilles. Les matériaux ne manquent pas à notre insecte : il saisit, un à un, les grains qu'il a amassés autour de lui, les attache avec un fil de soie, puis, recourbant la tête en arrière il les engage dans le tissu dont il est déjà couvert. Notre larve dispose ces grains de cire par bandes circulaires tout autour de son tuyau, sans laisser aucun intervalle, aucun défaut à sa cuirasse, et continue son travail, jusqu'à ce que la galerie soit entièrement garnie et fortifiée contre les attaques du dehors. Cependant les mouvements de l'insecte ont donné l'alarme aux abeilles : elles se sont précipitées vers l'audacieux ennemi qui établit ses retranchements au sein de leur cité ; mais en vain l'ont-elles accablée de leurs coups d'aiguillon, la Galerie, dans son travail, ne montre au dehors que sa tête munie d'une large plaque écailleuse ; les dards s'émoussent inutilement contre ce casque impénétrable. Fatiguées de lutter en vain contre l'insecte même, les abeilles dirigent leurs attaques contre sa demeure, mais elle leur oppose également une insurmontable résistance. Leurs dards ne sauraient traverser l'épaisse couche de cire qui la recouvre, et les fils de soie dont se compose le tuyau sont trop solidement tissus pour céder aux efforts de leurs mandibules.

La Galerie, après s'être nourrie, à l'état de larve, aux dépens de la provision des abeilles, se file un cocon également garni de cire, où elle se change en papillon. C'est alors le moment critique de son existence ; c'est le moment où les abeilles, long-temps insultées impunément, pourront prendre enfin leur revanche. Les Galeries ont perdu leur armure, il ne leur reste d'autre ressource que la fuite ; mais la fuite est la plupart du temps bien difficile, au milieu des légions d'abeilles qui garnissent la ruche ; aussi les abeilles en détruisent-elles alors un grand nombre, heureuses quand elles peuvent frapper la mère avant qu'elle n'ait déposé ses œufs. Il arrive quelquefois, dans les ruches nombreuses et fortes, que la peuplade, à force de recherches et d'activité, parvient à se débarrasser entièrement du fléau qui menaçait de la détruire ; mais, le plus souvent, la ruche attaquée par les Galeries se détériore d'année en année , et n'offre bientôt plus qu'un amas de gâteaux à moitié détruits, habités à regret par quelques abeilles découragées.

FIGURE 24.

La Teigne.

FIGURE 25.

Les Teignes ne sont pas moins funestes à nos vêtements que les Galeries aux gâteaux des abeilles, elles paraissent créées pour exercer sans cesse notre vigilance : un vêtement de laine, quelque temps négligé, devient la proie de ces insectes , et ne tarde pas à tomber en lambeaux. Tantôt la teigne se creuse des galeries couvertes dans l'intérieur des étoffes qu'elle ronge, en laissant les poils en dehors ; tantôt elle se fait

La Teigne. un fourreau mobile, qu'elle recouvre avec les brins de drap qu'elle a coupés ; ce fourreau est cylindrique, légèrement renflé vers le milieu, et tapissé à l'intérieur d'une matière soyeuse. La Teigne commence son travail quelques jours après sa naissance. On voit alors la petite Chenille se promener sur le morceau de laine où elle est éclose ; elle cherche, parmi les brins de laine qui l'entourent, celui dont la dimension lui convient ; elle le coupe à la base, et le colle à un petit cylindre de soie qu'elle a pris soin de filer d'abord. Bientôt le cylindre est recouvert ; la Teigne s'y enferme, et ne le quitte plus ; elle fait sortir seulement sa tête pour recueillir les brins de laine, qu'elle continue à coller au bout du tuyau commencé, en le fortifiant à l'intérieur par un tissu de soie. Voulez-vous suivre aisément son travail? Placez-la sur une étoffe dont la couleur soit différente de celle du tuyau. Si le tuyau était vert, mettez à la portée de la Teigne un morceau de drap jaune; bientôt vous verrez des bandes circulaires jaunes, qui signaleront l'allongement du fourreau. Mais la Teigne ne se contente pas d'allonger sa demeure, elle grossit en grandissant; il s'agit donc d'élargir le tuyau; c'est pour elle l'opération la plus difficile et la plus longue. Il faut fendre la partie du tuyau déjà fabriquée; mais la Teigne ne le fendra pas sur toute sa longueur, les deux bords ainsi séparés seraient très difficiles à réunir. Elle entaille avec ses dents un bout du tuyau, y pratique une fente aussi droite que nous le pourrions faire avec des ciseaux, et aussitôt elle intercalle une pièce entre les deux parties disjointes, en collant à chaque bord une quantité de brins suffisante. La pièce ainsi ajoutée fait corps avec le reste du tissu, si elle est de la même couleur il est impossible de la distinguer. Le travail terminé d'un côté, la Teigne passe à l'autre, fait une fente pareille, qu'elle étend jusqu'au point où elle a terminé l'autre; des fils sont introduits, et bientôt le fourreau élargi a repris une forme exactement semblable à celle qu'il avait précédemment.

La Teigne vit assez longtemps à l'état de larve; pendant l'hiver elle interrompt ses travaux et tombe dans une léthargie profonde; mais l'instinct de la conservation, si puissant chez les plus faibles êtres, l'avertit qu'il faut chercher un asile plus sûr que l'étoffe où elle s'est établie, mais dont mille accidents pourraient la détacher. Alors nos insectes disparaissent tout à coup. Ils vont avec leur vêtement, chercher quelque sombre réduit, où ils échapperont à tous les regards ; l'un se cache dans une fente de meuble, l'autre dans l'intervalle des pièces de parquet ; plusieurs derrière les tableaux, derrière les glaces. Celui qui n'a pu trouver aucun trou, se blottit dans un coin obscur. Là, il tend autour de son fourreau une multitude de fils qui l'assujettissent de la même manière que des câbles retiennent un navire. Le fourreau peut ainsi rester suspendu tout l'hiver à un plafond, à moins qu'un accident extraordinaire ne le détache. En même temps la Teigne a eu soin de fermer les ouvertures de son tuyau pour en interdire l'accès à tout insecte étranger : elle peut s'endormir sans crainte.

Toutes les Teignes ne vivent pas dans nos maisons ; plusieurs espèces se trouvent dans les champs et sur les arbres ; il y en a une appelée Teigne des grains, qui s'attaque au froment et au seigle : « elle « lie, dit Réaumur, plusieurs grains ensemble « avec des fils de soie ; dans l'espace qu'elle a soin « de ménager entre les grains, elle se file un tuyau « de soie blanche ; logée dans le tuyau, elle en sort « en partie, pour ronger les grains qui sont autour « d'elle. La précaution qu'elle a eue d'en lier plu-« sieurs ensemble fait qu'elle n'a pas à craindre que « le grain que ses dents entament, ne glisse, « et ne s'échappe. S'il se fait quelque mou-« vement dans le tas de blé, si beaucoup de grains « roulent, elle roule avec ceux dont elle a besoin ; « elle s'en retrouve toujours également à portée ; » et en même temps elle échappe au danger d'être froissée ou écrasée par le contact des grains, danger auquel elle succombrait infailliblement, si elle se tenait sans précaution au milieu de la masse mobile.

Les plus curieuses de toutes les Teignes, sans contredit, sont celles que l'on a appelées Champêtres, parce qu'elles vivent dans la campagne, et dont on observe l'industrie avec d'autant plus de plaisir qu'elle ne s'exerce pas à nos dépens ; l'étoffe dont ces Teignes composent leurs habits leur est fournie à profusion dans la nature ; elles la trouvent dans les feuilles mêmes des arbres : leurs fourreaux ont des formes très-variées, depuis les plus bizarres jusqu'aux plus élégantes. Les uns sont des cylindres assez simples, les autres des rouleaux ouverts d'un côté et terminés de l'autre par une sorte de calotte à trois cornes ; il en est enfin autour desquels la Teigne dispose avec coquetterie plusieurs rangs de garnitures, ce qui lui a mérité le nom de Teigne à falbalas. Les plus communs ont la forme d'un poisson, au ventre gonflé et surmonté d'une triple nageoire, avec la queue ordinairement bifurquée. En considérant de près ce singulier vêtement, il n'est pas difficile de reconnaître l'étoffe dont il est composé ; on distingue la membrane desséchée d'une feuille, les fils et les nervures qui se détachent comme une broderie sur une gaze transparente. Regardons l'insecte à l'ouvrage, afin de découvrir comment il peut tirer de la feuille cette légère membrane. La Teigne se nourrit du parenchyme des feuilles : quand elle veut fabriquer un fourreau, elle fait un trou sur quelque feuille saine dans toutes ses parties ; mais elle perce seulement la pellicule supérieure, puis elle ronge avec précaution le parenchyme tout autour de l'ouverture , ayant soin de ne pas entamer la membrane inférieure de la feuille : bientôt elle a pratiqué un vide assez grand pour introduire sa tête, on la voit pénétrer peu à peu entre les deux membranes, rongeant, minant toujours, en mangeant l'épiderme, jusqu'à ce que l'espace soit assez grand pour lui permettre de se loger à l'aise.

Mais l'habitation de la Teigne doit être mobile, afin que l'insecte puisse à son gré la transporter sur les feuilles où elle cherchera sa nourriture ; il s'agit donc de détacher sur chaque membrane une pièce correspondante; mais auparavant il faudrait la tailler, marquer avec précision sur chaque partie de la feuille la mesure convenable : où l'insecte trouvera-t-il un compas et un patron? Il a reçu un instinct qui le guide plus sûrement que nos règles et nos mesures ne sauraient guider nos instruments. La Teigne découpe séparément les deux pièces ; parfois la forme qu'elle leur donne est extraordinaire : la première pièce portera plusieurs dentelures, des inégalités considérables; qu'importe? l'insecte suit aveuglément un plan qu'il n'a pas tracé lui-même, il le suivra avec une fidélité égale, en découpant l'autre pièce, et toujours les deux morceaux se rapportent avec une exactitude merveilleuse.

Les pièces une fois taillées sur chaque membrane, la Teigne les assemble en collant les bords avec des fils très-serrés; la plupart du temps, elle a eu la précaution, pour s'épargner une partie de la besogne, de creuser la feuille près de l'un des bords qu'elle ménage avec soin; ainsi les deux morceaux sont déjà réunis solidement d'un côté, et les dentelures qui ordinairement se trouvent sur le bord de la feuille, contribuent à l'ornement du fourreau.

L'insecte, pour n'être pas gêné dans sa demeure, doit faire prendre aux parois une certaine courbure. Il pénètre entre les deux membranes, s'y tourne et s'y retourne jusqu'à ce que l'étoffe, flexible encore, se soit moulée sur son corps, et ait contracté la convexité convenable.

La Teigne a terminé son ouvrage, il ne lui reste plus qu'à le détacher de la feuille où il se trouve encore engagé exactement. C'est là une tâche pénible pour laquelle notre petite Chenille doit employer toutes ses forces. Enfin, à force de travail et d'efforts, elle a dégagé son vêtement du cadre étroit qui le resserrait, pour aller librement de rameau en rameau chercher sa nourriture.

CHAPITRE VII.

DIPTÈRES ET APTÈRES.

L'ordre des Diptères comprend les Mouches, ces insectes si communs, qui bourdonnent sur nos tables, voltigent sur les fleurs, et sont répandus en tous lieux, excepté dans la saison rigoureuse. Les larves des Diptères sont surtout remarquables ; ces petits êtres, que l'ignorance a longtemps regardés comme un inutile produit de la corruption, naissent ainsi que les autres insectes, d'œufs déposés par les femelles, et sont appelés à jouer un grand rôle dans la nature, en contribuant puissamment, ainsi que plusieurs Coléoptères, à faire disparaître les restes corrompus des corps organisés. (Voir l'histoire des Nécrophores.) Les plus curieuses de ces larves sont celles qui vivent dans l'eau, telles que celles de la Mouche armée ou Stratiome, du Cousin, de la Tipule, et d'un grand nombre d'espèces.

Les larves de la Mouche armée sont longues et aplaties, renflées au milieu, et pointues aux deux extrémités. Elle respire à l'aide d'une ouverture placée à l'une de ces pointes, au milieu d'une touffe de poils, disposée en cercles, à peu près comme les aigrettes qui surmontent les graines du seneçon ou du pissenlit. L'insecte peut venir à son

FIGURE 26.

Stratiome ou Mouche armée.

gré étaler à la surface de l'eau ce disque léger qui le tient suspendu, tandis que le reste du corps plonge dans une position presque verticale. Veut-il descendre au fond de l'eau pour échapper à quelque danger, il roule ses poils en boule et s'enfonce aussitôt par son propre poids. L'extrémité antérieure de son corps est armée d'une mâchoire mobile en forme de pince, dont il se sert pour saisir sa proie, et en outre d'un crochet très solide, au moyen duquel il se cramponne sur les corps étrangers.

Cette larve ne sait ni filer, ni se construire une retraite; pourtant la Providence ne l'a pas laissée sans ressource pour le temps de sa métamorphose. C'est sa peau, qui, sans travail et sans peine, lui fournira une coque solide et commode. Cette peau rugueuse et dure en tout temps, devient tout à fait inflexible, quand le temps de la métamorphose est arrivé. L'insecte a eu soin de se fixer à la surface de l'eau, sur quelque tige. Bientôt le moment de son réveil arrive; il fait sauter brusquement les deux premiers anneaux de son enveloppe, se laisse sécher un instant au soleil, puis s'envole, changeant de mœurs comme de forme; il va sucer dans les prés le nectar des fleurs, et ne se rapproche de l'eau que pour y déposer ses œufs.

On connaît trop bien ce petit insecte, dont le bourdonnement et la piqûre sont si incommodes pendant l'été, le Cousin. Peu d'insectes nous paraissent plus désagréables et moins utiles, et cependant eux aussi ont un rôle important dans l'économie générale de la nature, eux aussi ont reçu de la Providence un instinct et une industrie qui révèlent à l'observateur des merveilles pendant le cours de leur rapide existence.

Le Cousin est curieux à étudier, même dans l'acte qui le rend un fléau pour nous. L'habile naturaliste Réaumur a parfaitement décrit le mécanisme de la succion que l'insecte opère sur notre peau, avec sa trompe.

FIGURE 27.

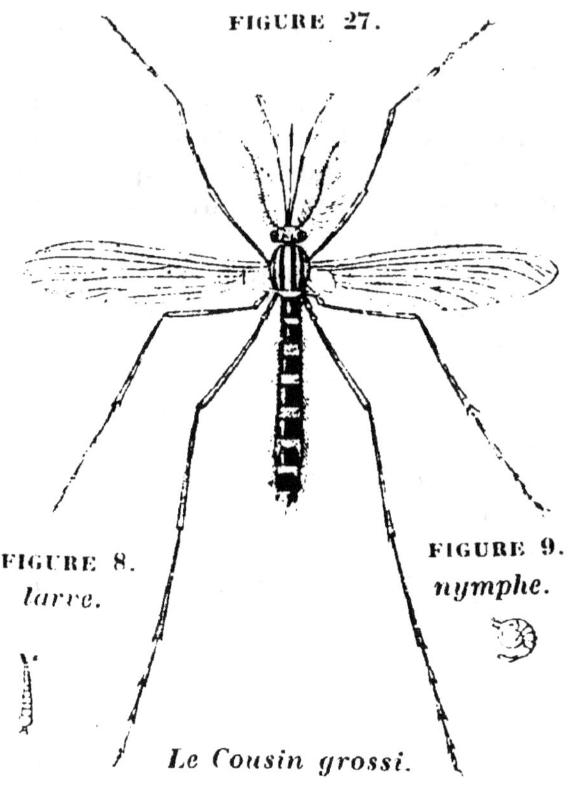

FIGURE 8.
larve.

FIGURE 9.
nymphe.

Le Cousin grossi.

« Après que le Cousin s'est posé sur le lieu qu'il
« doit piquer, on voit qu'il fait sortir du bout libre
« de sa trompe une pointe très fine ; qu'il tâte suc-
« cessivement la peau à quatre ou cinq endroits
« avec le bout de cette pointe, probablement afin
« de choisir l'endroit où se trouve un vaisseau dans
« lequel le sang puisse être puisé à son gré.

« Quand il a fait son choix , on en est averti par la
« petite douleur que la piqûre cause sur-le-champ ;
« la pointe de l'aiguillon s'introduit dans la peau ,
« l'étui qui enveloppe cet aiguillon , quoique
« solide, a une sorte de flexibilité ; il se courbe à
« mesure que l'aiguillon pénètre dans les chairs ;
« il devient d'abord un arc dont le dard forme la
« corde ; l'extrémité libre de l'étui , reste toujours
« sur le bord de la blessure , pour maintenir un
« instrument délicat et faible ; c'est par un expé-
« dient semblable que les ouvriers qui ont à percer
« de très petits trous savent maintenir la pointe
« déliée du foret. A mesure que l'aiguillon péné-
« tre , l'étui se courbe davantage ; il s'y fait
« même un angle de plus en plus aigu ; enfin l'étui
« s'est plié tout à fait en deux sur la longueur,
« quand la tête du Cousin est prête à toucher la
« peau. »

C'est surtout dans les bois humides que l'on rencontre les Cousins. En effet la femelle , tout
aérienne qu'elle est, va déposer ses œufs au milieu
des eaux. On la voit s'abattre sur le bord d'un
étang ou d'une mare , se poser sur quelque brin
d'herbe flottant à la surface. Elle s'y place de manière à ne se soutenir que sur les quatre pattes
antérieures , les pattes postérieures sont libres, et
plongent dans l'eau. Le dernier anneau de l'abdomen se recourbe alors vers le dos, et laisse
échapper un petit œuf remarquable par sa forme ;
c'est une espèce de quille dont la base s'arrondit et
vient brusquement se terminer par un col court,
comme celui d'un flacon , qui semble rebordé et
bouché. Les œufs sont destinés à se soutenir per-

pendiculaires à la surface de l'eau. Notre insecte sait leur donner cette position et la leur conserver, en les soutenant l'un contre l'autre. Aussitôt que la ponte est commencée, il croise ses jambes postérieures et les rapproche de son ventre ; à mesure que les œufs apparaissent, enduits d'une matière visqueuse, ils sont reçus sur cet appui, collés aux œufs antérieurement pondus, et maintenus dans la situation nécessaire ; plus le nombre des œufs augmente, plus l'insecte pour les contenir est obligé d'écarter ses pattes, qui bientôt occupent deux lignes parallèles. L'ensemble des œufs présente alors l'aspect d'un petit radeau ou d'un bateau allongé. Le Cousin l'abandonne à la merci de l'onde ; il est désormais en état de voguer sans danger.

Au bout de deux jours, les deux ou trois cents œufs pondus à la fois, éclosent ; et il en sort par l'extrémité inférieure des larves sans pattes, comme la plupart de celles des Diptères. Leur corps est composé de neuf anneaux qui vont toujours en décroissant. Le premier et le plus gros porte la tête, le dernier semble fourchu ; il porte deux petits tuyaux dont l'un, obliquement dirigé, sert à donner passage à l'air dont l'animal a besoin pour respirer ; l'autre, droit et un peu plus court, n'est que la prolongation de l'intestin ; mais il est garni d'une couronne de longs poils qui s'écartent en entonnoir, et servent à retenir l'insecte à la surface de l'eau, où il aime à se suspendre, quoique du reste il soit fort agile et nage avec une grande facilité.

La tête est organisée aussi d'une manière toute particulière ; l'ouverture de la bouche est munie de franges de poils ou de houppes, que la larve fait mouvoir à son gré avec une extrême vitesse. Elle détermine ainsi de petits courants, qui lui amènent les insectes et les parcelles de plantes dont elle se nourrit. Ces larves habitent ordinairement les eaux stagnantes ou flottent en grande quantité les débris de végétaux ; répandues elles-mêmes par milliers, elles en absorbent une partie considérable. Quelque petites qu'elles soient, elles ont reçu leur tâche de la Providence, et contribuent à leur manière à l'harmonie générale ; elles peuvent souvent prévenir la corruption des eaux, en les débarrassant des matières en dissolution, qui communiqueraient au liquide environnant leurs qualités dangereuses et leurs exhalaisons méphytiques. Si l'insecte part fait nous semble moins utile que sa larve, c'es- qu'il paraît entrer dans le plan de la Providence de nous faire payer toujours par quelque inconvénient les biens qu'elle nous procure, en vertu de cette loi suprême, qui condamne l'homme à tout conquérir par le travail et la peine, à ne gagner son pain qu'à la sueur de son front.

Avant de se métamorphoser en nymphe, la larve, dont la peau ne saurait s'étendre et s'allonger avec le reste de son corps, doit en changer plusieurs fois, et chaque fois c'est une dépouille complète qu'elle rejette. Quand son enveloppe est devenue trop étroite, l'insecte vient à la surface de l'eau, mais non pour y présenter son canal respiratoire comme il fait habituellement. La tête et la queue, au contraire, sont repliées et plongées dans l'eau ; une partie du dos, est seule en contact avec l'air exté- rieur. La peau se dessèche en cet endroit, il s'y manifeste une petite fente qui s'est bientôt étendue sur toute la longueur du corps. L'insecte sort de cette ouverture avec une peau nouvelle, laissant l'ancienne flotter sur l'eau.

A la dernière mue, le changement est plus considerable : la larve devient une nymphe (voy. fig. 29), et prend alors une figure tout à fait bizarre ; le corps est plié de telle sorte que la queue vient s'appliquer sous la tête ; l'insecte présente l'aspect d'une lentille dont les bords s'épaissiraient d'un côté. Le canal respiratoire a disparu ; il est remplacé par deux petites cornes ou tuyaux creux, implantés sur le dos, et destinés au même usage. Quand la nymphe est en repos, les tuyaux viennent s'ouvrir à la surface de l'eau, ainsi que le canal dont était pourvue la larve. On la prendrait alors pour quelque petit corps privé de vie : cependant elle sait encore fort bien se mouvoir ; pour nager, elle quitte tout à coup la position circulaire, elle se débande brusquement et s'allonge ; sa queue, garnie de palettes, lui sert de nageoires, et, en frappant l'eau avec force, la fait avancer rapidement à la manière des Écrevisses et des Homards.

La dernière métamorphose qui, d'un animal aquatique, en fait un animal aérien, est un des phénomènes les plus curieux que présente l'histoire des insectes. La nymphe monte à la surface, déroule sa queue, et l'élève hors de l'eau : aussitôt l'air semble s'infiltrer dans son corps, la peau se gonfle rapidement, et se fend entre les cornes respiratoires ; cette fente s'allonge très vite, et laisse à découvert en partie le corselet du Cousin ; déjà la tête commence à paraître, c'est un moment

critique pour l'insecte ; le Cousni qui, tout à l'heure
ne pouvait vivre hors de l'eau, ne pourrait plus
maintenant y séjourner un seul instant ; comment
suspendu sur cet élément , incapable encore de
faire agir ses membres, évitera-t-il d'y retomber
et d'y périr? Un souffle dans l'air , le choc d'une
feuille, un faux mouvement, tout tend à l'y pré-
cipiter ; mais la Providence veille sur sa frêle créa-
ture , et, le plus souvent, dans sa rapide métamorphose, l'insecte échappera à tous les dangers.
Voyez avec quelle précaution, mais aussi avec quelle
adresse il dégage sa tête et son corselet, en les
élevant autant que possible au-dessus de l'ouverture
qui leur a permis de paraître au jour! avec quels
efforts habilement ménagés il peut, sans le secours de ses membres, mais seulement par les con-
tractions successives de son abdomen, secouer
peu à peu sa dépouille! La peau de nymphe
est devenue un petit bateau capable de supporter
le Cousin, qui se dresse au milieu comme un mât.
Tout n'est pas fait encore; il faut dégager les
pattes et les ailes emmaillottées. Cependant la
partie antérieure du bateau, plus chargée que le
reste, effleure de ses bords le niveau de l'eau ; le
moindre vent va-t-il les submerger? Si l'air s'a-
gite , la légère nacelle obéit à l'impulsion ; le Cousin reste immobile en glissant à la surface ; si un
moment de calme survient, notre insecte se hâte
de dégager ses pattes antérieures ; il les pose sur
l'eau où elles s'appuient sans enfoncer ; les ailes
se déploient, sèchent en un instant, et le Cousin
s'élance dans les airs pour commencer une existence nouvelle.

La croissance, et par conséquent la multiplication des Cousins est, très rapide; si rien n'en diminuait le nombre, sans doute ils seraient un véritable fléau; mais le Créateur les a entourés d'une multitude d'ennemis dont ils sont la nourriture, et qui empêchent leur propagation excessive : sans parler d'une foule d'insectes qui leur font la guerre, les Poissons dévorent une grande quantité de leurs larves; les Hirondelles, selon la température, les poursuivent près de la surface de la terre ou dans les hautes régions de l'air, leur font une guerre continuelle, et les détruisent par milliers.

Les Aptères sont des insectes totalement privés d'ailes, qui pour la plupart ont une existence cachée et obscure; quelques uns sont trop connus au contraire, et parmi ceux-ci il faut placer les Puces, les Poux et les Tiques, ces petits êtres si incommodes pour les hommes et pour les animaux, et qui ne semblent créés que pour nous faire une obligation indispensable de la propreté : les autres Aptères ont été peu étudiés, cependant on a observé quelques particularités intéressantes de leurs mœurs. La plupart sont lents et paisibles, excepté les Scolopendres, insectes allongés, munis d'un grand nombre de pattes (famille des Mille-Pieds (1)), qui font une guerre acharnée à tous les insectes terrestres, qui rarement échappent à leur poursuite. Ils les saisissent à l'aide de longs crochets, et leur morsure, envenimée par un poison subtil qu'ils

(1) Les mille-pieds ou myriapodes ne sont pas de véritables insectes, puisqu'ils ont plus de six pattes. Nous les avons laissés dans cette classe où ils ont été rangés long-temps, parce qu'ils s'en rapprochent beaucoup par l'aspect et les mœurs.

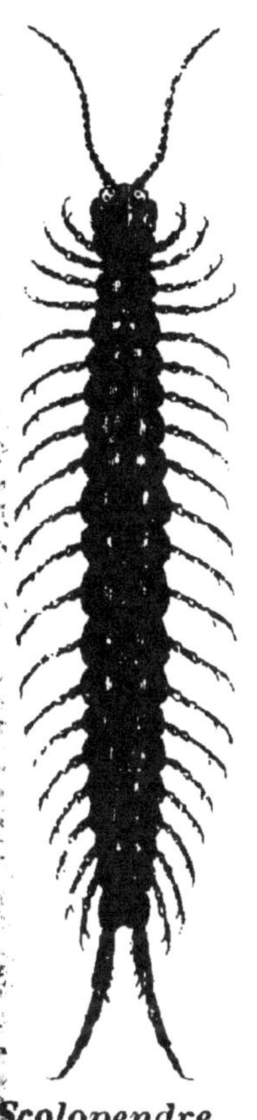

Scolopendre.

glissent dans la plaie, fait périr à l'instant même la proie qu'ils ont saisie : quelques grandes espèces d'Amérique sont, dit-on, redoutables à l'homme lui-même ; celles de France n'offrent aucun danger. Les Iules, les Cloportes, les Glomeris sont aussi lents et aussi inoffensifs que les Scolopendres sont agiles et belliqueux ; malgré la multitude de ses pattes (cent ou cent cinquante paires), qu'il fait mouvoir dans l'ordre le plus admirable, l'Iule avance presque insensiblement sur le sol : aussi ne se nourrit-il que de substances en décomposition qu'il trouve sans peine aux environs de la retraite où il reste presque constamment caché : son instinct l'avertit que tous les ennemis qui peuvent l'attaquer triompheraient facilement de sa faiblesse. Cependant, si la Providence ne lui a pas donné les armes pour l'attaque, elle ne lui a pas refusé pour se défendre une cuirasse à l'épreuve. Il est couvert d'anneaux écailleux, solides et glissants, qu'il est extrêmement difficile de briser ou de percer : pour cacher toutes les parties vulnérables, l'insecte se roule sur lui-même et se laisse entraîner, agiter, tourmenter de toutes les manières sans quitter la position qui fait sa sûreté. Quelques Cloportes et tous les Glomeris sont encore plus favorisés sous ce rapport ; ils se roulent de manière à former une boule parfaite. Sous leur bouclier, plus invulnérables que le hérisson , ils défient les attaques de la plupart de leurs ennemis , qui, las de pousser devant eux un globe solide qui glisse et leur échappe sans cesse, l'abandonnent pour chercher une proie plus facile. Ainsi la Providence étend sa protection sur les plus humbles des êtres, et il n'est pas un insecte condamné à vivre dans les réduits les plus obscurs, dont l'existence ne nous révèle quelque preuve de la sollicitude infinie du Créateur pour les ouvrages de ses mains.